APPLICATIONS

DE LA

MÉTHODE GRAPHIQUE

A QUELQUES POINTS DE LA

PHYSIOLOGIE DU GROS INTESTIN

PAR

Le Dr G. ROUCH

Licencié ès Sciences naturelles,
Ex-aide des Travaux pratiques et préparateur du cours de Botanique à la Faculté
de Médecine de Montpellier,
Ancien élève des laboratoires de Physiologie de la Sorbonne et d'Histologie
zoologique de l'École des Hautes Études,
Médecin des ambulances cholériques de Toulon, d'Oran et de l'Oued Fergoug (1884),
Lauréat de la Faculté de Médecine 1877-78, 1878-79 et de la Société Médicale
d'Émulation de Montpellier.

PARIS

OCTAVE DOIN, ÉDITEUR

8, PLACE DE L'ODÉON, 8

1885

APPLICATIONS

DE LA

MÉTHODE GRAPHIQUE

A QUELQUES POINTS DE LA

PHYSIOLOGIE DU GROS INTESTIN

DU MÊME AUTEUR

De la circulation par influence, en particulier dans le sinus caverneux. (*Gaz. hebd. des Sciences médicales de Montpellier*, 1881.)

De l'action physiologique du Gelsemium sempervirens et de ses propriétes curarisantes. (*Comptes rendus de la Société de Biologie*, 1882.)

A research on the alcaloid gelsemine and one of its crystalline salts. (*The pharmaceutical Journal and Transactions*, 1883.)

Recherches sur l'histologie du système nerveux viscéral des Crustacés (pour paraître).

Montpellier. — Typogr. BOEHM et Fils.

APPLICATIONS

DE LA

MÉTHODE GRAPHIQUE

A QUELQUES POINTS DE LA

PHYSIOLOGIE DU GROS INTESTIN

PAR

Le Dr G. ROUCH

Licencié ès Sciences naturelles,
Ex-aide des Travaux pratiques et préparateur du cours de Botanique à la Faculté
de Médecine de Montpellier,
Ancien élève des laboratoires de Physiologie de la Sorbonne et d'Histologie
zoologique de l'École des Hautes Études,
Médecin des ambulances cholériques de Toulon, d'Oran et de l'Oued Fergoug (1884),
Lauréat de la Faculté de Médecine 1877-78, 1878-79 et de la Société Médicale
d'Émulation de Montpellier.

PARIS

OCTAVE DOIN, ÉDITEUR

8, PLACE DE L'ODÉON, 8

1885

clysme tend à prendre une place importante dans la thérapeutique de l'intestin, de connaître la limite de résistance de cet organe, ses conditions de dilatabilité et ses chances de rupture ?

Si l'on consulte à ce sujet les livres d'anatomie et de physiologie, on les trouve à peu près muets sur tous ces points, car, des nombreux auteurs qui se sont occupés de l'intestin, bien peu ont fait de sa partie inférieure une étude spéciale.

Cela tient sans doute à la situation de cet organe difficile à étudier, sans lésions profondes, sans le mettre dans des conditions physiologiques différentes de l'état normal.

Beaucoup de ces résultats ne peuvent pas s'obtenir toujours sur la nature animale, et, s'il répugne déjà beaucoup de passer des ournées de laboratoire en perpétuel ménage avec le rectum d'un chien et ses matières fécales, il peut paraître assez peu attrayant d'étudier sur soi-même ou sur un ami de bonne volonté les phénomènes de la défécation ou des autres fonctions intestinales. On a vu des physiologistes étudier avec ardeur les fonctions du pharynx en avalant des bols imprégnés de substances colorantes, ou s'introduire dans les narines un stylet destiné à montrer les mouvements du voile du palais : un de nos Maîtres, avalant des olives retenues par un fil, pour observer leur mode de progression dans l'œsophage, a certes réagi contre le pénible ennui des nausées et des vomissements qu'elles provoquaient ; mais on peut se montrer plus hésitant quand il s'agit de répéter des expériences analogues sur le rectum. L'abbé Spallanzani a bien pu cependant surmonter sa répugnance et avaler des sachets ou des tubes pleins de substances animales ou végétales, afin de voir les changements qu'elles auraient subis en sortant par l'anus ; il nous sera permis, à nous aussi, d'exposer dans le cours de ces recherches quelques expériences nouvelles, quelques faits nouveaux obtenus en faisant entrer en action, non plus la force animale inerte, mais la force intellectuelle de l'homme, analysant ses impressions et ses sensations diverses et pouvant les inscrire par un signe sur le papier qui se déroule, pendant que se trace simultanément, et d'une manière indélébile, la marque écrite de l'acte mécanique qui s'accomplit.

Les différents points que nous allons développer seront, pour ainsi dire, autant de fragments de la vie intestinale surprise en flagrant délit.

Nous diviserons notre travail en plusieurs chapitres :

    Appareils graphiques pour l'étude des organes creux.

    Variations passives de la pression intra intestinale.

    Contractions du gros intestin à l'état normal.

    Causes diverses pouvant agir sur l'activité du gros intestin.

    Coliques.

    Rôle du gros intestin dans la digestion.

    Défécation.

    Dilatabilité et Résistance.

APPLICATIONS

MÉTHODE GRAPHIQUE

A QUELQUES POINTS DE LA

PHYSIOLOGIE DU GROS INTESTIN

CHAPITRE PREMIER.

Appareils graphiques pour l'étude des organes creux.

Lorsqu'on ouvre l'abdomen d'un animal vivant ou que l'on vient de sacrifier, on voit les anses intestinales parcourues par des mouvements qui rappellent l'idée d'un tas de vers s'agitant les uns sur les autres. Ces mouvements, auxquels on a donné le nom de *vermiculaires*, sont une fonction de la tunique musculaire lisse de l'intestin. Des contractions analogues plus ou moins variables dans leur manière d'être, lentes, prolongées, se reproduisant à des intervalles plus ou moins réguliers, se retrouvent encore dans d'autres organes creux de la vie végétative : le gros intestin, l'œsophage, l'estomac, la vessie, l'uretère, etc.

Mais, pour ces viscères ainsi profondément cachés, l'examen, accompagné de lésions profondes, ne peut être que rapide ; il ne laisse qu'un souvenir vague et diffus, sans précision aucune. Aussi, aujourd'hui que la méthode graphique est devenue d'un usage courant dans l'exploration physiologique, n'y a-t-il pas lieu de s'étonner qu'on ait voulu l'appliquer à l'étude de ces organes cavitaires, afin de pénétrer plus intimement dans l'histoire de leurs fonctions.

Les appareils employés ont été désignés sous différents noms. Ceux appliqués à l'intestin ont été nommés *Entérographes*. Tous sont basés sur le même principe, celui de la transmission par l'air ou par l'eau.

Supposons deux vessies distendues réunies entre elles par un tube ; toute pression exercée sur une d'elles et tendant à diminuer son volume se fera sentir par un effet inverse sur l'autre. Si une des ampoules sensibles, que nous appellerons exploratrice, est introduite dans un organe creux, elle transmettra les diverses variations de la capacité de cet organe à l'ampoule réceptrice. Celle-ci pourra prendre la forme d'une cuvette fermée par une lame élastique, portant en son centre un levier amplificateur.

Ce petit appareil, appelé tambour de Marey, permettra donc d'inscrire sur une feuille de papier enfumé les diverses variations de volume de l'ampoule exploratrice, une compression subie par cette dernière se transcrivant immédiatement sous forme de ligne ascendante amplifiée par le levier.

D'autre part, en mettant l'ampoule exploratrice en rapport avec un manomètre, on peut évaluer la valeur des variations observées.

Tel était l'appareil employé par Legros et Onimus dans leur étude sur les mouvements de l'intestin. Mais, ainsi construit, il présente certaines défectuosités. D'une part, le milieu de transmission étant l'air, la distension de l'ampoule, qui se fait par insufflation au moyen d'un tube latéral à robinet, est toujours difficile à apprécier ; une fois l'appareil en action, elle peut se trouver trop considérable, et, si l'on cherche à y remédier par la soupape du tambour, elle devient le plus souvent insuffisante et parfois complètemnt nulle. D'autre part, lorsque la distension est convenable, une contraction un peu forte se transmettant au levier peut ou rompre le tambour ou donner une courbe dépassant sa limite d'inscription.

Aussi les auteurs qui ultérieurement ont eu à appliquer la méthode graphique à des organes creux, MM. Polaillon à l'utérus, et Morat à l'estomac, ont-ils modifié cette disposition en y adaptant le principe du sphygmoscope.

Un vase hermétiquement clos est en rapport par un tube en caoutchouc avec le tambour inscripteur. Il contient dans sa cavité une ampoule élastique en communication avec une ampoule semblable, dite exploratrice. Tout l'appareil étant plein d'air, les ampoules modérément distendues, il est évident que, toute diminution de volume de l'ampoule exploratrice augmentant le volume de l'ampoule sphygmoscopique, l'air contenu dans le sphygmoscope sera comprimé et soulèvera le levier enregistreur.

Cet appareil a l'avantage de mettre toujours sous les yeux de l'observateur l'état de l'ampoule exploratrice, par l'examen de l'ampoule sphygmoscopique qui le représente fidèlement, et d'en isoler la partie viscérale de l'inscripteur, de sorte qu'on peut agir sur ce dernier par sa soupape, sans influencer le reste de l'appareil, pour opérer les corrections nécessaires. Tel était l'appareil de M. Morat.

M. Polaillon, d'autre part, ayant à s'occuper de contractions considérables, celles de l'utérus pendant l'accouchement, a dû atténuer la sensibllité de l'appareil en diminuant l'élasticité de son sphygmoscope. Il a adopté un petit entonnoir dont le pavillon était fermé par une membrane de caoutchouc assez épaisse se bombant sous l'influence de la pression. En outre, toute la partie exploratrice était remplie d'eau ; le sphygmoscope au contraire contenait de l'air.

Dans nos expériences, adoptant d'abord un appareil semblable à celui de M. Morat, nous nous sommes servi de la transmission par l'air, et dans les ampoules et dans le sphygmoscope. Mais, dans ces conditions, l'instrument présente un grave défaut : les milieux de transmission, étant eux-mêmes élastiques, en altèrent la sensibilité et l'exactitude. La couche d'air intermédiaire aux deux ampoules recevra d'abord, grâce à sa compressibilité, la pression développée par la contraction viscérale, et ce n'est qu'après qu'elle agira elle-même pour distendre l'ampoule sphygmoscopique, qui à son tour ne recevra qu'une transmission retardée et peut-être altérée dans la forme. Il est certain qu'avec un milieu incompressible, toute variation se transmettra intégralement ; aussi avons-nous obtenu de meilleurs résultats de la transmission par l'eau. Mais, pour que le fonctionnement soit parfait, il importe de construire l'appareil avec quelques précautions indispensables.

Un ballon de caoutchouc (nous nous sommes servi des petits ballons rouges ou bleus avec lesquels jouent les enfants) légèrement distendu au préalable, afin de vaincre l'inertie de son élasticité, est fixé à l'extrémité d'une sonde en gomme dure d'un assez fort calibre, de façon que son bec en touche presque le fond lorsque la petite ampoule se trouve en état de relâchement. L'appareil est ainsi plus facile à introduire et on est sûr que la vessie n'est pas repliée ou tordue sur elle-même.

Le pavillon de la sonde est mis en rapport, par un tube de caoutchouc de moyen calibre (les tubes ordinairement employés pour les tambours des polygraphes) à peu près inextensible, avec une autre ampoule identique raccordée par un tube en verre coudé passant à travers le bouchon qui doit fermer le sphygmoscope.

Sur le trajet du tube en caoutchouc qui réunit les deux vessies, on intercale un tube en T en verre, présentant une soufflure au point de l'insertion du pied du T. Les grosses canules artérielles de M. Fr. Franck sont excellentes et recommandables pour cet usage. La branche libre du T, de préférence celle qui en forme le pied, se continue avec un court tube en caoutchouc mince que l'on ferme par une pince à pression.

L'appareil ainsi disposé, il importe de le remplir complètement d'eau, car une bulle d'air dans une des ampoules aurait pour effet d'altérer la transmission, et pourrait même rendre l'appareil à peu près inerte si elle venait à pénétrer dans les tubes de raccord. Aussi est-il utile d'avoir des tubes larges, faciles à purger l'air. A cela, on arrive facilement par un coup de main. Un entonnoir maintenu à un certain niveau et rempli d'eau est adapté à la branche libre du T par un tube assez long. Les ampoules sont pressées dans la main, et l'air chassé, traversant l'eau de l'entonnoir, est immédiatement remplacé par elle. En mettant successivement chacune des ampoules en rapport avec l'entonnoir (une pince suffit pour en isoler l'ampoule qui est purgée d'air et la protéger contre sa congénère), on arrive facilement à rejeter tous les gaz dans les tubes et à les refouler au dehors. On s'en assure par la transparence des ampoules distendues et par l'examen de la soufflure du tube en T, où se réunissent les derniers bulles qui pourraient être contenues dans les tubes de raccord, et d'où il est facile de les chasser. On distend alors modérément l'appareil de façon à mettre légèrement en jeu son élasticité, et, refoulant un instant le liquide dans l'ampoule exploratrice, on introduit l'ampoule sphygmoscopique dans le flacon qui doit la contenir, et que l'on lute hermétiquement. Le flacon sphygmoscopique contient de l'eau dans ses 4/5. L'ampoule plonge dans ce liquide. Cette modification aux sphygmoscopes employés d'habitude donne à l'appareil une grande sensibilité, car l'ampoule, baignant librement dans un liquide identique à celui qu'elle contient, perd la plus grande partie de son poids spécifique. Aussi toute modification de volume dans l'ampoule exploratrice se transmettra-t-elle directement au liquide du sphygmoscope et, par son intermédiaire, à la légère couche d'air qui le surmonte et qui transmettra son action au levier enregistreur. Nous avons ainsi supprimé autant que possible les milieux de transmission élastiques, car la couche d'air du sphygmoscope est relativement peu considérale, et son rôle se borne à agir sur un levier très léger et fort mobile par lui-même.

L'appareil, ainsi construit, peut servir d'une manière permanente sans dérangement aucun. Il faut seulement avoir soin de vérifier avant chaque expérience son état d'intégrité.

Ces détails exagérés pourront peut-être paraître puérils, mais ils sont rendus nécessaires pour le bon fonctionnement de l'appareil, car bien souvent, dans le cours du travail,on s'aperçoit de lacunes ou de défauts dans l'inscription, qui sont dus uniquement à une négligence ou à une disposition vicieuse de l'instrument.

On peut ainsi inscrire les variations de la capacité d'un point limité de l'intestin par les oscillations du levier, et établir entre elles des rapports d'intensité toujours comparables dans une même expérience.

Par une modification légère, en adaptant un manomètre à l'extrémité du tube en T, que l'on avait maintenu fermé, on peut inscrire en valeur réelle de mercure la force de ces oscillations. Toutefois nous devons dire qu'il est difficile d'employer simultanément les deux modes d'inscription, car, en raison de l'élasticité du caoutchouc, une partie de la force de la contraction se trouve rendue latente par la résistance de l'ampoule sphygmoscopique, et les résultats du manomètre peuvent, par suite, en être légèrement altérés. Il est préférable, dans le cas où on a intérêt à prendre un tracé manométrique, d'interrompre au delà du tube en T la communication avec le sphygmoscope.

Cet appareil permet d'étudier avec une grande délicatesse les phénomènes physiologiques qui se passent en un point limité d'une cavité tubulaire, comme l'intestin. On peut, à volonté, déplacer l'ampoule exploratrice pour interroger successivement des points différents. On peut aussi,par la superposition de plusieurs ampoules semblables, étudier simultanément ce qui se passe à des hauteurs variables.

Mais si l'on s'occupe d'un organe ayant une capacité limitée, comme la vessie, dans laquelle on ne peut introduire d'ampoule sans lésion profonde, si l'on veut se rendre compte de la force développée dans toute la longueur du gros intestin, considéré en tant qu'organe creux, et non plus en fonction d'un point restreint de sa tunique musculaire, il y a lieu d'y renoncer.

L'ampoule exploratrice peut être supprimée, et une simple canule, mise en rapport avec un manomètre, servira à lui transmettre et à inscrire directement ou avec un tambour les variations de la pression de l'intestin, que l'on aura rempli d'eau par un lavement donné au moyen d'un tube latéral, l'orifice de l'anus étant fermé par une ampoule en bissac que l'on insuffle, et autour de l'étranglement de laquelle le sphincter, se resserrant, produit une obturation à peu près complète, du moins pour les faibles pressions.

Tel l'appareil employé par M. P. Bert dans ses recherches sur la respiration.

Un appareil tout différent est celui de M. Morat pour l'étude des mouvements de la vessie. Il a l'avantage d'être très sensible et d'éviter un défaut de ceux que nous avons décrits.

Lorsqu'une contraction se produit et met en jeu, soit l'élasticité du caoutchouc, soit la colonne mercurielle, la paroi contractile trouve devant elle une certaine résistance, elle éprouve une contre-pression qui réagit d'autant plus que la contraction tend à s'accentuer davantage; par conséquent, à la fin de sa contraction, le muscle devra vaincre une résistance supérieure à celle contre laquelle il aurait eu à réagir si le liquide avait eu son libre écoulement. Par suite, la forme de la courbe doit en être altérée; elle est en quelque sorte écrasée dans le sens de la hauteur. Dans ses études sur la vessie, M. Morat aurait donc été placé dans des conditions anti-physiologiques, puisque la vessie, se contractant, se vide par le fait de sa contraction elle-même.

Le plétismographe qu'il a construit corrige ce défaut; mais il n'est applicable que quand il s'agit de variations de pressions relativement faibles; dans ce cas, il est d'une délicatesse extrême.

Dans un vase de grand diamètre plonge, suspendue à une poulie et toujours en équilibre, une éprouvette en verre mince, contre-balancée par un contrepoids glissant sur des fils de direction et portant un style inscripteur. Quand l'éprouvette est remplie d'eau, elle plonge à peu près complètement dans le liquide du vase extérieur, dont la densité a été calculée pour compenser le poids du verre. Si une partie de son contenu vient à en être enlevé, l'éprouvette s'élève aussitôt sous l'influence de son contrepoids, qui inscrit ce mouvement sous forme de ligne descendante. Dans l'intérieur plonge, jusqu'au niveau maximum où le fond de l'éprouvette peut s'élever, un tube en verre ne touchant pas ses parois et mis en communication par un tube en caoutchouc avec une canule placée dans l'organe que l'on veut étudier. L'extrémité ouverte de la canule et celle du tube extérieur étant au même niveau, on remplit d'eau l'appareil et l'organe au moyen d'un tube latéral mis en rapport avec un réservoir que l'on tient à une hauteur voulue. Cette communication étant de nouveau interrompue, on comprend facilement qu'une légère diminution dans le volume de la cavité contractile chassera une quantité d'eau équivalente dans l'éprouvette, qui s'abaisse d'une hauteur égale au rapport entre le volume d'eau reçue et sa surface de section, pendant que le contrepoids s'élève et trace une ligne ascendante. Lors du retour de l'organe à son premier état, l'éprouvette, restituant le liquide qu'elle a reçu, s'allège, et son contrepoids, s'abaissant de nouveau, tracera une ligne ascendante.

Cet appareil est très sensible et ne peut guère être employé que pour la mesure de variations légères. Il remplace avec avantage le manomètre à eau, en donnant à l'opérateur la facilité d'inscription. On pourrait toutefois, en atténuant sa sensibilité au moyen d'une éprouvette plus large, lui permettre d'inscrire des variations de volume plus considérables. Malheureusement il est d'un maniement délicat, et il est difficile de l'employer avec l'intestin, en raison de la difficulté d'obtenir une occlusion complète de l'anus autour de la canule, et surtout en considération des forces variables, souvent très fortes, dont il y a lieu de tenir compte.

CHAPITRE II.

Variations passives de la pression intra-intestinale.

Sur un chien immobilisé sur la table à expérience, on introduit dans l'anus la sonde exploratrice. L'ampoule interne ayant été, à cet effet, vidée de son contenu par une compression qui le refoule dans celle du sphygmoscope et une pince interceptant la communication entre les deux, il est facile d'introduire l'explorateur, légèrement huilé, à telle profondeur que l'on désire, jusqu'au niveau du côlon transverse. L'appareil étant en place et la communication rétablie entre les deux ampoules, il suffit d'adapter au sphygmoscope le tube du tambour explorateur pour inscrire les différents actes mécaniques dont l'intestin peut être le siège. Lorsque l'animal est tranquille, — et nous en avions un qui se prêtait à l'exploration sans aucune difficulté, — on observe, en dehors des contractions lentes rythmées que nous apprendrons à connaître, une série d'ondulations formant une ligne sinueuse de la plus grande régularité et qu'un examen comparatif, fait simultanément avec d'autres appareils enregistreurs, nous permettra de rapporter à la respiration.

ACTION DE LA RESPIRATION.

DIVERS MODES RESPIRATOIRES. — Il est un fait acquis par l'expérience, et qui n'a plus besoin de démonstration : c'est que l'effort respiratoire se transmet aux divers organes contenus dans

la cavité du corps. L'inspiration, produisant une dilatation du
thorax, y diminue la pression et agit de même sur le cœur, les
vaisseaux, les poumons. En même temps, la contraction du
diaphragme, repoussant les viscères abdominaux, leur fera subir
une compression plus ou moins forte. L'effet inverse se repro-
duira pendant l'expiration. Dans d'autres cas, l'inspiration se
faisant uniquement par l'intermédiaire des muscles thoraciques
(resp. costale), le diaphragme, devenu passif, suivra l'aspiration
thoracique, et l'abdomen à son tour se creusera ; il y aura par
conséquent une diminution de la pression intra-abdominale.

Ces faits ainsi énoncés paraissent théoriquement fort simples;
mais l'examen graphique, tout en démontrant leur exactitude,
permet de pousser plus loin l'analyse de la respiration.

Ne possédant pas d'observations sur l'homme, nous repro-

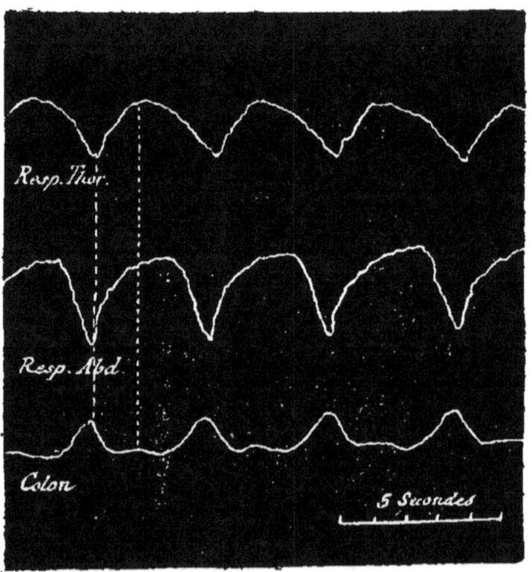

Fig. 1. — (1/1) Action de la respiration sur l'intestin.

duirons un tracé (fig. 1) pris sur un chien au moment où l'animal est calme et où l'intestin ne présente pas de contractions.

L'ampoule exploratrice est placée dans le côlon descendant,
vers le milieu de sa hauteur. Sur le thorax et l'abdomen, sont

disposés deux pneumographes de Marey, destinés à enregistrer les différentes phases respiratoires. L'inspiration thoracique est marquée, par suite, par une ligne descendante, de même que l'ampliation de la circonférence de l'abdomen, tandis que la surpression intestinale s'inscrira, au contraire, par une courbe ascendante.

Sur le tracé ainsi obtenu, on constate que le sommet de l'angle, indiquant la fin de l'inspiration thoracique et le début de l'expiration, coïncide avec le maximum d'expansion des parois abdominales, en même temps que se produit le maximum de surpression de l'intestin. Mais là s'arrête toute la concordance.

Au moment où l'inspiration thoracique commence, on observe encore une courbe ascendante de l'abdomen, qui ne change de direction qu'un certain temps après le début de l'inspiration. La rétraction abdominale se prolongerait par conséquent au delà de la phase expiratoire.

Cela s'explique par ce fait, que le début de l'inspiration est purement costal, avec état passif du diaphragme, qui, s'élevant vers le thorax, amène la rétraction abdominale que l'on lit sur le tracé. Ce n'est qu'après cette phase que le diaphragme, entrant lui-même en action, refoule les parois abdominales et que se trace la ligne descendante, qui est la marque écrite de l'inspiration diaphragmatique complémentaire.

Du côté de l'intestin, le début de la courbe de l'inspiration thoracique est nettement indiqué par un petit crochet et une légère courbe descendante. Or nous savons qu'à l'inverse du pneumographe, l'appareil inscrit les suppressions sous forme de ligne ascendante; ici, par conséquent, le début de l'inspiration thoracique est représenté, contrairement à ce qu'on pourrait supposer, par une dépression, conséquence de l'aspiration diaphragmatique. Ce n'est qu'au moment où le diaphragme entre en action que l'on voit rapidement augmenter la pression colique. Mais, là encore, une irrégularité dans le temps. Le début de la surpression colique précède nettement le début de la dilatation de l'abdomen. L'explication en est facile, car l'abdomen est refoulé par les viscères comprimés par le diaphragme, et ne doit par suite manifester son expansion qu'après que les viscères lui auront transmis cette action et l'auront subie avant lui.

On retrouve un résultat identique sur la fig. 4. Si nous prenons par exemple la ligne inférieure du tracé, nous y lisons une surpression intestinale, altérée au milieu de sa période ascendante par une brusque dépression dont le début coïncide avec une diminution de la circonférence de l'abdomen (l'appareil enregistreur est un cardiographe qui transcrit l'ampliation par une ligne ascendante). On remarquera aussi que le côlon ne présente pas cette dépression et que le commencement de la surpression colique précède nettement celui de l'abdomen ou du rectum.

Il est à regretter que nous n'ayons pas pris simultanément l'inscription thoracique, qui nous aurait permis de rapporter chacun des accidents à leur cause. Toutefois nous pouvons préjuger que l'inspiration se fait sentir au début par un effet passif de dépression, puis par une surpression diaphragmatique, tandis que la fin de l'expiration s'indique par une surpression légère. Ajoutons encore que le côlon manifeste la compression thoracique bien avant l'abdomen et le rectum. Nous examinerons plus tard à quoi tient cette différence.

Dans une série d'observations faites sur des chiens, à différents moments ou sous des influences diverses, morphine, chloroforme, on arrive à des résultats plus compliqués encore, et M. P. Bert, dans ses *Leçons sur la Respiration*, donne à ce sujet des tracés fort intéressants, dans lesquels il étudie ces différents modes. Ces irrégularités trouvent une explication facile dans le jeu des diverses forces respiratoires, thoraciques et abdominales. Il y a entre elles une réciprocité, une suppléance fonctionnelle qui peut varier à différents moments. Il serait, au reste, fort délicat et peu intéressant de suivre toutes ces variations dans leurs détails.

De la lecture que nous venons de faire, il résulte que, chez le chien, la respiration est à la fois costale et diaphragmatique, cette dernière action n'apparaissant qu'après que l'action thoracique s'est déjà manifestée. Les muscles thoraciques et le diaphragme interviennent d'une manière à peu près égale dans la respiration.

Toutefois Legros et Onimus attribuent au chien une respiration purement costale, ne devenant diaphragmatique que quand un obstacle gêne l'expansion du thorax.

Chez le lapin, au contraire, c'est surtout l'action du diaphragme qui domine.

Chez l'homme, les deux fonctions costale et diaphragmatique coïncident à peu près également. Il y aura donc une augmentation de tension intestinale à chaque inspiration. Chez la femme, au contraire, dont la respiration est thoracique, il doit y avoir abaissement de la tension dans tous les organes abdominaux. Si cette particularité n'a qu'une importance secondaire pour l'intestin, elle en a une très grande pour l'utérus gravide, car l'impulsion inspiratoire, lorsque la respiration est abdominale, s'étend jusqu'au petit bassin, grâce à la mobilité des viscères, et une ampoule introduite dans le rectum transmet aussi bien que celle du côlon les diverses oscillations respiratoires.

VALEUR MANOMÉTRIQUE DES RÉSISTANCES QUI ENTRENT EN JEU DANS LA RESPIRATION. — On sait que dans la respiration normale les muscles inspirateurs ont à surmonter l'élasticité du thorax, l'élasticité pulmonaire et la pression négative de l'air dans les poumons.

L'élasticité du thorax n'a pas été étudiée. L'élasticité pulmonaire est évaluée à 8^{mm} Hg dans les respirations calmes et à 24^{mm} dans les pressions profondes; la pression négative de l'air dans les poumons à 1^{mm} dans la respiration calme, et à 57 dans les fortes inspirations. Par conséquent, la résistance à vaincre est égale à 9^{mm} dans les cas normaux, et à 81^{mm} de mercure quand la respiration s'accomplit avec effort.

Il faut ajouter à ces chiffres l'effort déployé pour réagir contre l'élasticité des parois abdominales et refouler la bulle gazeuse formée par les intestins pendant l'inspiration diaphragmatique, ou bien la force qui, dans les respirations costales, produit la rétraction de l'abdomen et tend à combattre l'élasticité de son contenu. Cette force, sans être négligeable, est relativement faible, et, s'il est possible de la transcrire lorsqu'on interroge un point de l'intestin au moyen de l'ampoule exploratrice transmettant ses variations à un style amplificateur, il est très difficile de l'évaluer quand on veut l'inscrire par le manomètre à mercure. On peut cependant la mesurer en faisant communiquer le manomètre à eau avec l'intestin rempli de liquide ; on la trouve oscillant entre 1 et 3 centim. dans les respirations calmes, et s'élevant tout au plus à 10 ou 15 centim. d'eau dans les plus fortes inspirations.

Action des muscles abdomino-thoraciques. — Toutes les diverses variations des modes respiratoires devront aussi se transmettre à l'intestin. Il est certain que tous les actes s'accompagnant d'une diminution de volume de l'abdomen s'accompagnent d'une surpression intestinale. Il nous suffit de signaler à ce sujet le soupir, le rire, la toux, qui se transcrivent par des oscillations plus ou moins compliquées. Ainsi, dans le tracé (fig. 2), l'animal, éprouvant de violentes douleurs produites par du croton dont avait été enduite l'ampoule exploratrice, pousse des cris et des gémissements dont on trouve la transcription altérée sur l'intestin. Les mouvements thoraciques et abdominaux sont en effet tellement rapides que l'intestin n'a pas le temps de se mettre en équilibre dans ses phases diverses.

Dans le tracé (fig. 25), un autre chien plus tranquille contracte violemment les muscles abdominaux et la courbe intestinale transmet cette variation. La fig. 3 nous montre aussi l'action

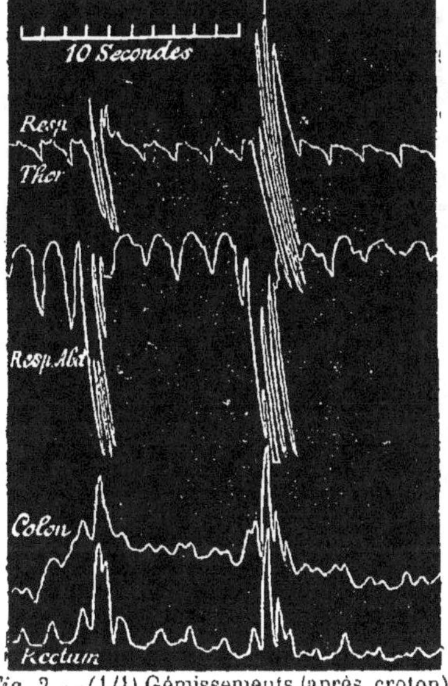

Fig. 2.—(1/1) Gémissements (après croton) se transmettant à l'intestin.

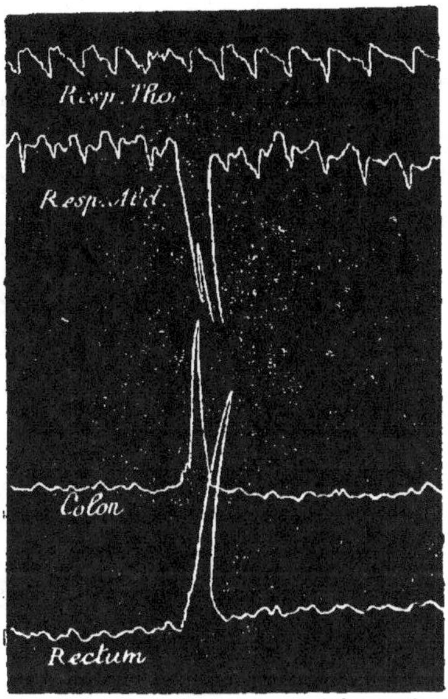

Fig. 3. — (1/1) Contraction abdominale se transmettant à l'intestin.

d'une violente contraction abdominale volontaire qui n'a pas intéressé la respiration thoracique et en est complètement indépendante.

De même dans le vomissement et dans l'effort, ainsi que pendant la défécation, il se produit du côté des muscles thoraciques et abdominaux des contractions très fortes, dont l'action se fait sentir dans l'intestin. Nous renverrons l'étude de la pression subie dans cette circonstance, au moment où nous étudierons le mécanisme de la défécation.

EFFETS DE LA CIRCULATION.

Sur des courbes respiratoires que nous avons décrites, on observe, dans quelques cas, des accidents légers dont la fig. 4

donne la reproduction. Ces accidents, isochrones au pouls, sont
sous la dépendance de la circulation. Ils sont produits, soit par

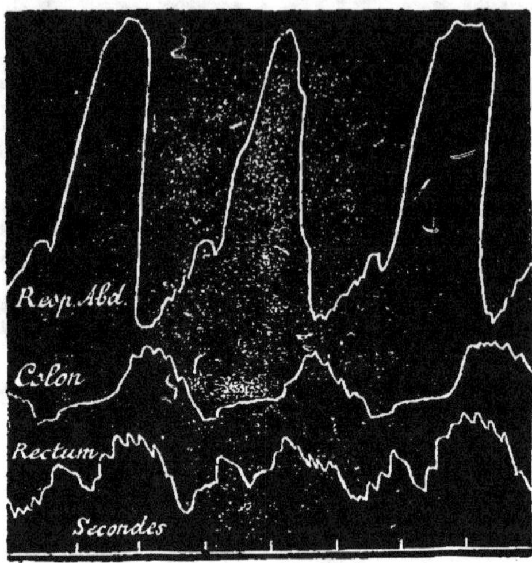

Fig. 4.— (2,4/1) Action de la circulation sur l'intestin. Resp. abd. prise avec le
cardiographe [1].

le battement des artères contenues dans les parois de l'intestin
et en contact avec la surface de l'ampoule, soit plutôt par des
artères situées dans le voisinage. Ces pulsations sont excessivement faibles. On ne les rencontre pas toujours, ce qui tient sans
doute à la situation de l'ampoule vis-à-vis des artères voisines.
Elles seront en effet plus fortes si l'ampoule se trouve en rapport avec une grosse artère, qu'avec un vaisseau d'un plus faible
calibre.

Aussi généralement sont-elles plus marquées dans la partie
inférieure du tube digestif, qui, plongeant dans le petit bassin,
est plus spécialement en rapport avec les artères iliaques.

[1] Je remercie M. le professeur Estor de l'obligeance avec laquelle il a toujours
mis à ma disposition l'atelier photographique annexé à son laboratoire, grâce auquel,
entre autres choses, j'ai pu faire les réductions et amplifications nécessaires à ce
travail.

On ne peut guère évaluer la force de ces pulsations, elles varient d'ailleurs avec les différents points interrogés.

MODE DE DISTRIBUTION DE L'EFFORT.

Nous avons étudié les différentes actions passives que subit l'intestin. Il importe maintenant d'examiner comment elles se répartissent dans les différents points de l'organe que nous étudions.

Pour la circulation en particulier, nous avons trouvé les pulsations artérielles plus fortes dans la partie inférieure de l'intestin (fig. 4). En est-il de même pour les variations thoraciques et abdominales? Il suffit pour cela d'inscrire simultanément le tracé de plusieurs ampoules placées à des profondeurs différentes, en ayant soin de donner à chaque levier une égale longeur.

Nous constatons d'abord ce fait, que la partie supérieure du gros intestin manifeste les effets de la compression passive un peu avant le rectum et avant l'abdomen (fig 4). En effet, le diaphragme repoussant la masse intestinale, c'est celle-ci tout entière, réduite à un tout solidaire, qui supporte tout d'abord son action et la transmet ensuite aux parois abdominales.

Or le rectum, isolé dans le petit bassin, protégé dans une cavité osseuse, ne fait pour ainsi dire pas partie de la masse viscérale. Il ne reçoit donc qu'ultérieurement une compression transmise de seconde main, comme l'abdomen. Il est certain que, dans ces conditions, la bulle intestinale supérieure, pouvant fuir devant la pression diaphragmatique, évite une partie de l'effort et le transmet aux viscères plus profonds, qui, bridés de toute part, en supporteront la plus grande partie.

Cet effet est encore plus manifeste dans l'effort accompagné de la contraction des parois abdominales et des muscles du petit bassin, la totalité de la force déployée, dont une partie se trouvait normalement employée à développer les parois abdominales, se transportant sur les viscères profonds.

CHAPÎTRE III.

Des contractions intestinales à l'état normal.

En dehors des mouvements passifs que nous venons d'étudier, et dont la raison d'être est étrangère aux parois intestinales, il en est d'autres qui appartiennent en propre aux tuniques musculaires de l'intestin. Ces contractions, observées principalement sur l'intestin grêle, produisent une constriction légère en un point limité, constriction qui se déplace peu à peu, qui semble ramper à la surface du boyau, et qui, en dehors de cette action locale, produit une sorte de déplacement de tout l'ensemble des anses intestinales. On a comparé cet état à l'idée que l'on aurait d'un tas de vers dont chacun aurait des mouvements propres, et qui par leur progression l'un sur l'autre produiraient en plus un mouvement général de tout l'amas. Ces contractions, se produisant en un point de l'anse intestinale, progressant lentement, en laissant sur les points qu'elles viennent de quitter une zone de relàchement et en avant une zone de constriction, ont reçu le nom de contractions péristaltiques.

Ces contractions, se transmettent ainsi sur la longueur de l'intestin et se reproduisent un certain nombre de fois au même point; elles sont rythmiques. Débutant à un moment donné, elles se succèdent rapidement comme une série de vagues se poursuivant sur l'Océan : la première lancée progresse et se déplace; puis après elle suit une seconde, et une série plus ou moins longue. Cet état peut persister un temps variable ; puis, après cette période d'agitation, on observe un calme relatif, et enfin une période de repos, pendant laquelle l'intestin reste inerte, pour reprendre de nouveau, souvent avec une sorte de transition, sa première place de mouvement.

Ces contractions péristaltiques observées facilement sur l'intestin grêle, mais non toujours, d'après les lois de l'observation pure, physiologique, en dehors de toute lésion expérimentale, ont été aussi transcrites au moyen d'appareils enregistreurs. Mais l'intestin grêle n'est pas le seul à les posséder; on les trouve aussi dans le gros intestin, avec des différences que nous apprendrons à connaître.

ÉTUDE DES CONTRACTIONS DU GROS INTESTIN A UN POINT DE VUE GÉNÉRAL.

MÉTHODE D'EXPLORATION. — Si nous introduisons dans l'anus d'un chien une sonde armée de son ampoule explorative, nous constatons tout d'abord, au contact du corps étranger, une série de contractions dont la fig. 5 donne une idée. Produites par

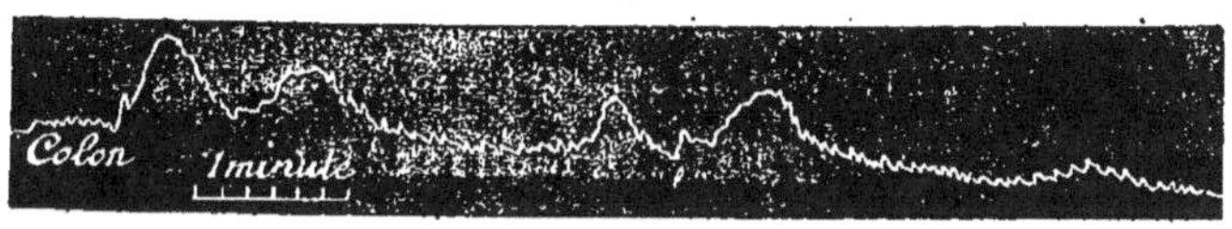

Fig. 5.—(1/2,6) Contractions produites par l'introduction d'une sonde dans le côlon.

l'introduction d'une canule au moment où l'appareil est disposé pour l'exploration, et où l'intestin se trouve dans un moment de calme, ces contractions se reproduisent pendant un instant, puis tout rentre à l'état normal. Si nous attendons quelque temps, de façon à laisser l'intestin s'habituer à la présence du corps étranger, dont le volume a été calculé de manière à ne pas être trop considérable et à ne pas exercer de distension sur le canal intestinal, nous pouvons, croyons-nous, considérer les faits que nous observons comme normaux, et non artificiellement provoqués. Nous nous trouvons d'ailleurs dans le cas de la physiologie normale d'un intestin contenant des fèces et des corps étrangers. Souvent même, dans nos expériences, nous sommes-nous trouvé dans des conditions tout à fait naturelles, la sonde étant plongée au milieu d'un bol fécal et complètement enveloppée par lui. Toutefois cette disposition, excellente en elle-même pour nous assurer de la valeur de nos résulats en tant qu'existence de mouvements propres en dehors de toute excitation, pourrait nous conduire à des appréciations erronées. En dehors de la possibilité de l'altération de la force de la courbe, le bol fécal pourrait transmettre à l'ampoule une excitation venue de plus haut, et par suite nous donner, au lieu d'une contraction en un point déterminé, celle d'un segment plus ou moins long de l'intestin. Disons donc que, pour éviter cette cause d'erreur, nous avons eu la précaution de vider au préalable le gros intestin par un lavement, et plusieurs de nos chiens, habitués à nos recherches et y servant à des périodes très rapprochées, se trouvaient dans d'excellentes conditions de tranquillité et de propreté pour nous donner foi en l'exactitude de nos résultats.

Par la voie anale, on peut ainsi porter la sonde à une très grande profondeur et interroger l'intestin jusqu'au côlon transverse ; d'un autre côté, pour étudier le cæcum et le côlon ascendant, nous avons dû pratiquer des fistules intestinales ; mais nous ne nous sommes servi, dans nos recherches, que d'animaux complètement guéris de leur opération, se trouvant, par suite, dans un état physiologique parfait.

RYTHME. — Comme dans les autres parties de l'intestin, on observe dans la partie terminale du tube digestif des contractions spontanées. Ces contractions ne sont jamais solitaires, elles se reproduisent avec un rythme particulier. Rares parfois, quatre ou cinq seulement, le plus souvent se succédant très nombreuses, elles cessent pendant un espace de temps plus ou moins long, pour reprendre ensuite avec une nouvelle activité. Nous n'avons remarqué aucune règle dans leur mode de reproduction, ni rien de particulier qui puisse prêter à l'analyse.

Les périodes de contraction peuvent durer longtemps, parfois une' demi-heure sans discontinuer. De même les périodes de repos. Nous avons eu des expériences dans lesquelles nous n'avons pas obtenu de rythme, d'autres où, après quelques contractions régulières, nous passions sans cause aucune à un repos absolu. Partout, dans le cours de nos recherches, nous avons remarqué une irrégularité complète, une variabilité extrême dans la durée des phases de repos et des phases d'activité ; mais au fond, même plan général, contractions en séries, dont souvent les premières, plus faibles, se reproduisant pendant un laps de temps variable, et auxquelles succède une phase de repos.

Forme. — Telles sont les contractions intestinales dans leur mode de succession. Si nous nous rapportons à ce que nous avons antérieurement écrit, nous trouvons, dans un tracé pris dans les conditions normales, trois séries de courbes successives. Les unes, d'une durée relativement longue, plus grandes, forment des accidents que nous avons rapportés aux contractions de l'intestin ; sur chacune de ces courbes, des irrégularités variables dans la forme et que nous avons dites être sous la dépendance de la respiration et des diverses variations de pression reconnaissant pour causes les contractions des muscles abdominaux. Enfin, sur chacune de ces variations secondaires, une série de petites dents régulières, nombreuses, synchrones avec le pouls artériel. Tous ces accidents, tenant à des actions passives, compliquent l'aspect de la contraction intestinale; mais la forme générale de la courbe n'en est pas modifiée et il est facile d'en faire abstraction dans la lecture.

On peut d'ailleurs les atténuer, les supprimer même, en sacrifiant la sensibilité de l'appareil, en se servant d'un levier amplificateur relativement court et donnant son minimum d'amplitude. La contraction intestinale est assez forte, assez puissante pour se manifester dans ces conditions avec **tous** les détails qui peuvent intéresser.

Si l'on fait abstraction de ces déformations diverses, on constate que la contraction intestinale se présente sous une forme simple et régulière, analogue aux courbes de contractions des muscles lisses. C'est d'abord une ligne oblique ascendante qui, partant de zéro, s'élève lentement pendant une durée variable, et à laquelle fait suite, au moment du retour du muscle au repos, une ligne semblable descendante. Ces deux lignes sont réunies par une courbe qui établit entre elles une transition insensible. Quelquefois la ligne se maintient à un certain niveau pendant un temps variable, en donnant l'apparence d'un petit plateau.

Dans cette appréciation de la forme de la contraction, il y a deux corrections à apporter, tenant au mode de construction de l'appareil.

L'une, déjà décrite par M. Marey, tient au levier inscripteur. La pointe du style ne se meut pas en effet suivant une ligne verticale, mais décrit un arc de cercle dont le rayon est donné par la longueur même du levier. Il s'ensuit, pour le tracé, une déformation qui incline vers la droite les parties supérieures du dessin et qui se fait d'autant moins sentir que l'on se rapproche davantage de l'horizontale.

Une autre cause d'erreur tient à l'ampoule exploratrice. Si, théoriquement, l'ampoule introduite dans un tube creux n'en touche les parois que par sa circonférence, en réalité il n'en est pas ainsi, et c'est une partie de sa surface qui se trouve en contact avec une longueur déterminée du tube intestinal. Ce n'est donc pas la contraction d'une zone idéale réduite à un cercle géométrique que nous traçons, mais bien celle d'un anneau cylindrique d'une hauteur variable. Or, nous savons *de visu* que l'onde intestinale se déplace avec une certaine lenteur; c'est donc à une partie de cette corde que répond exactement le tracé que nous examinons. Par conséquent, la durée de la contraction peut en être, par le fait, légèrement augmentée. Disons tout de suite que ces considérations sont négligeables et que dans une

même expérience les courbes sont exactement comparables
entre elles.

Or, ce qui frappe quand on compare une série de constrictions
qui se succèdent en un même point de l'intestin, c'est le défaut
de type uniforme dans le profil. Indépendamment de l'amplitude
et de la durée, il y a toujours, dans la période d'ascension ou de
descente, quelque variante qui leur enlève toute symétrie; il
suffit de superposer quelques tracés de contractions successives,

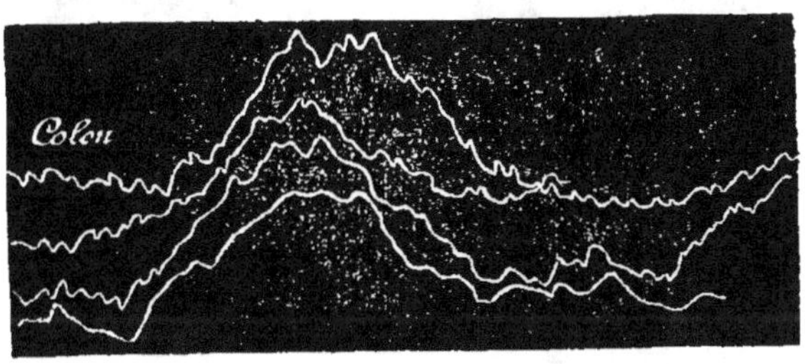

Fig. 6. — (1/1) Forme des contactions du côlon (Même vitesse du cylindre que
dans *fig.* 7.)

ainsi que nous l'avons fait dans les fig. 6 et 7, pour démontrer
la vérité de cette affirmation.

Généralement, la phase ascendante est plus rapide que la phase
descendante, mais les rapports varient beaucoup. Nous aurions
pu donner un tableau établissant une moyenne entre la durée
de ces deux phases et celle de la contraction totale, mais nous
ne serions arrivé qu'à une exactitude apparente. Il nous suffira
de l'évaluer approximativement.

En moyenne, la phase de contraction du muscle comprend 1/3
de la durée totale de la courbe, les deux autres étant occupés par
le retour à l'état de relâchement.

En dehors de ces formes, que nous pouvons appeler typiques,
il est d'autres contractions que l'on observe parfois et qui présentent un aspect particulier dont les fig. 8 et 9 peuvent donner
une idée. La courbe des contractions rythmiques n'est plus aussi

nettement ondulée. Ce ne sont plus des vagues régulières, den-
tées d'accidents respiratoires. Après une ligne ascendante plus

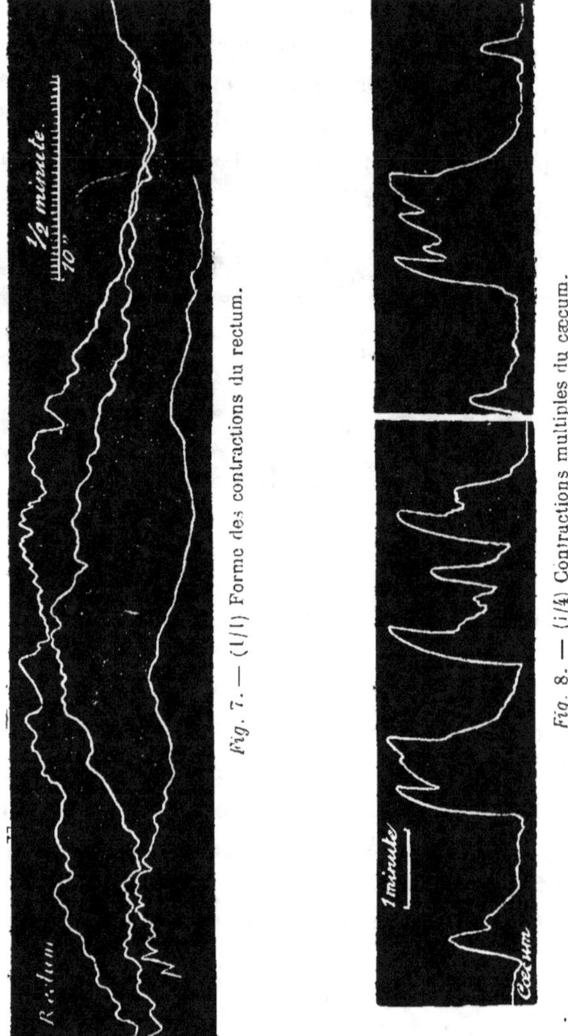

Fig. 7. — (1/1) Forme des contractions du rectum.

Fig. 8. — (1/4) Contractions multiples du cæcum.

ou moins rapide, on observe une période de descente quelquefois courte, souvent assez longue, mais qui n'arrive pas à la

ligne de repos ; avant que cette contraction soit terminée, le muscle se contracte de nouveau, la ligne s'élève, pour retomber encore et reprendre une troisième fois une nouvelle force ascensionnelle.

Ces contractions doubles, multiples, isolées ou répétées plusieurs fois et donnant alors à la courbe un aspect général semblable à une chaîne de montagnes dans les massifs desquelles se détacheraient des dents et des aiguilles plus ou moins profondément découpées, en dehors de quelques cas particuliers que nous aurons à décrire, se rencontre rarement sur le côlon et le rectum. On peut les considérer comme des contractions qui se succèdent et dont l'une recommence avant que celle qui précède ait eu le temps de s'apaiser, ou plutôt comme une seule contraction éprouvant un moment de défaillance. On remarquera en effet que la durée d'une contraction double n'est guère plus forte que celle des contractions normales qui précèdent (fig. 9).

Nous ne saurions être aussi affirmatif pour ce qui se passe dans le cæcum (fig. 8). Ici, en effet, ces sortes de contractions, sans être précisément la règle, se rencontrent très souvent. Or, le cæcum ne se présente pas comme un tube cylindrique en contact par un plan de sa section avec l'ampoule exploratrice ; c'est une poche dont les parois enferment une ampoule en contact plus ou moins intime avec divers points de sa surface. L'ampoule inscrira donc fidèlement toutes les diverses contractions que produiront ses fibres musculaires. Or, si, ce qui est probable, cette forme irrégulière de la contraction n'est pas le fait du muscle lisse, cela nous permet d'induire que l'ampoule cæcale ne se contracte pas en bloc, comme une vessie contractile, mais que ses diverses fibres musculaires, isolées dans leur action, opèrent une sorte de brassement de la masse qu'elle contient, la poussant tantôt d'un côté, tantôt de l'autre, par des mouvements irréguliers.

DURÉE. — Variables dans leur forme, les contractions le sont aussi dans leur durée, non seulement dans les différentes parties du gros intestin, mais encore dans un même point et à des moments assez rapprochés d'une même expérience. Legros et Onimus disent que le duodenum se contracte jusqu'à dix fois par minute, le cæcum onze à douze fois, le rectum trois ou quatre fois. Nous n'avons jamais rencontré un nombre de contractions aussi considérable. Tantôt rapides, tantôt lentes, dans les rapports de 1 à 4 ou 5, les contractions se succèdent, et nous les avons trouvés souvent dans le côlon de 1′ et plus de durée (fig. 6, 7).

Si nous prenons au hasard une feuille quelconque, dans un même tracé, une même expérience, les conditions étant les mêmes, toutes choses étant par conséquent égales, nous trouvons pour des contractions coliques, prises dans l'ordre dans lequel elles se présentent, les chiffres suivants 1 ′,24 ″; 2 ′; 1′,26 ″; 2′,54″; 1′,18″; 1′,48″; 3′,42″ et d'autres chiffres aussi variables qu'il serait trop long de rapporter. Aussi ne peut-on être nullement affirmatif quant à la durée de la contraction ; tout au plus peut-on établir des rapports de comparaison et dire que dans le rectum les contractions sont généralement beaucoup plus longues et plus soutenues que dans le côlon ; que dans le cæcum elles sont au contraire beaucoup plus rapides.

Force. — Nous avons vu une grande variabilité dans la forme et la durée de la contraction; il en est de même de la force. Dans une même expérience, à côté de contractions dont la hauteur de la flèche au niveau de l'apogée est relativement forte, on en observe de très faibles et quelquefois qui paraissent avortées.

Avec le tambour inscripteur de Marey, on ne peut guère se rendre compte que de la force relative des mouvements qui s'inscrivent.

Pour évaluer exactement la valeur de la force développée par le muscle intestinal, il suffit d'adapter un manomètre à la branche libre du tube en T qui réunit les ampoules. Nous nous sommes servi du manomètre en U de Ludwig, qui réduit la pression de moitié, en ayant toujours soin de placer le zéro de l'appareil au même niveau que l'ampoule exploratrice, afin d'éviter les corrections dues aux valeurs positives ou négatives de la colonne d'eau contenue dans les tubes de raccord.

Nous ne rapportons ici qu'une seule expérience dans laquelle la pression a été prise dans le cæcum et le côlon à peu d'intervalle.

Dans une première application, le manomètre étant en rapport avec 'lampoule introduite par une fistule dans le cæcum, on obtient les chiffres suivants :

12^{mm}, 5^{mm}, 4^{mm},5 Hg en pression réelle.

Puis, la communication avec l'ampoule sphygmoscopique ayant été supprimée par une pince comprimant le tube au delà du manomètre, l'inscription mercurielle s'est trouvée portée à : 26^{mm}, 20^{mm}, 8^{mm}, 26^{mm}, 25^{mm}.

La comparaison entre ces résultats montre nettement la déperdition de force nécessaire pour vaincre l'élasticité du caoutchouc de l'ampoule réceptrice, et la nécessité de séparer les deux appareils, pour avoir une évaluation exacte.

Dans la suite de cette expérience, le manomètre est adapté à l'ampoule placée vers le milieu du côlon descendant, et nous donne les chiffres suivants :

8^{mm}, 6^{mm}, 10^{mm}, 12^{mm} Hg en pression réelle.

On voit par là très nettement marquée la différence qui existe dans la force des différents points de l'intestin. Aussi, dans nos tracés par le tambour de Marey, avons-nous dû bien souvent donner à nos leviers une amplitude bien plus faible pour les inscriptions du cæcum que pour celles du côlon et du rectum.

ÉTUDE DIFFÉRENTIELLE DES CONTRACTIONS DANS LES DIVERS POINTS DE L'INTESTIN.

Nous venons de voir combien les contractions intestinales diffèrent entre elles dans un même point de l'intestin et dans les mêmes conditions d'expérience ; variété dans la forme, dans la durée et dans la force, ne permettant de les décrire que dans des termes manquant de toute précision. Si cependant nous considérons isolément et d'une manière comparative chacune des parties du gros intestin, cæcum, côlon, rectum, voici les conclusions auxquelles nous pouvons nous arrêter.

Les contractions cæcales, outre leur forme particulière et l'irrégularité que nous avons signalée, présentent une ampleur et une force plus considérables que celles des autres parties de l'intestin. Ces contractions ont une durée relativement courte, de une à deux minutes ; elles se reproduisent suivant un rythme très long. Les périodes de repos entre deux séries de contractions sont généralement peu considérables.

Le côlon au contraire présente une certaine régularité dans la forme de ses contractions, l'aspect du tracé est mollement ondulé : on se trouve en effet dans un organe moins actif, exerçant sur les matières qu'il contient une action destinée seulement à multiplier les rapports de surface du contenu avec le contenant, ne tendant par suite qu'à une progression lente. Aussi, après une période d'activité qui secoue toute la masse, le rythme fait-il place à un repos d'assez longue durée, auquel succède ensuite une nouvelle série de contractions.

Dans le rectum, encore moins d'activité. Ce n'est qu'un réservoir momentané, et les contractions n'ont-elles pour but que d'y accumuler les matières ou de les en chasser ; aussi, en dehors de son rôle spécial dans l'expulsion ou des excitations produites. par des corps étrangers, le rectum est-il ordinairement calme

Les contractions sont plus longues que celles du côlon, et le rythme rare, quant au nombre des contractions aussi bien que dans la fréquence de leur reproduction.

Comparant d'autre part ce que nous observons dans le gros intestin avec ce qui se produit dans l'intestin grêle, que nous étudierons simultanément par une fistule, nous y constatons une activité tout autre. Jusqu'ici, nous avons vu des contractions lentes, souvent puissantes, irrégulières ; ici, la contraction se présente sous une autre forme.

La ligne ascendante est rapide, elle atteint bientôt son maximum, puis s'affaisse lentement. Ses courbes se succèdent nombreuses, rythmiques, en séries de longue durée, avec des périodes de repos bien moins considérables que celles que nous avons constatées et ne présentant jamais les arrêts que nous avons vus ailleurs, pendant lesquels bien souvent l'on se demande si l'on ne se trouve pas en présence d'un organe paralysé.

MODE DE TRANSMISSION DES CONTRACTIONS.

Il importe maintenant de rechercher comment l'intestin se comporte vis-à-vis des contractions que nous avons ainsi constatées dans ses différentes parties, et d'appliquer la méthode graphique à une étude plus attentive de ce mode particulier de transmission des contractions intestinales que l'on a désigné du nom de *péristaltisme*.

A cet effet, plusieurs ampoules seront superposées dans la longueur du gros intestin, l'une introduite par une fistule permanente dans le cæcum, deux autres échelonnées dans le côlon, une quatrième dans le rectum ou l'S iliaque, et transmettront simultanément ce qui se passe à leur niveau à autant de tambours enregistreurs. Étant connue la distance qui les sépare, il sera possible d'étudier la vitesse de propagation de l'onde intestinale.

Variation dans la vitesse de transmission. — Or l'aspect général de deux courbes prises simultanément indique nettement un certain retard pour cette transmission, comme on peut s'en assurer par la fig. 9, où les courbes cæcales et coliques sont

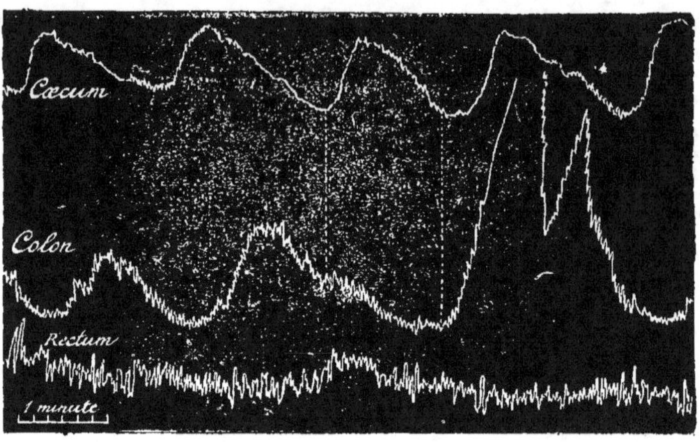

Fig. 9. — (1/1) Retard de la transmission des contractions du cæcum au côlon. Contraction double. Inertie rectale.

superposées. Si l'on cherche toutefois à calculer la vitesse avec laquelle cette onde se déplace, on se trouve devant des résultats variables dans les différentes expériences. Ainsi, entre deux ampoules coliques séparées par 11 centim., nous trouvons un retard de 56″, tandis que dans une autre expérience, la distance étant de 17 centim., nous n'avons calculé qu'un retard de 22″. Ce qui, pour un mètre de tube musculaire, mettrait la vitesse de propagation de l'onde intestinale à 8′,25″ pour un cas et 2′,9″ pour un autre.

Il est d'ailleurs bien difficile de savoir exactement si telle courbe correspond à celle qui la précède dans l'ampoule supérieure, ou bien si elle présente un retard de une ou plusieurs courbes semblables. Toutefois, en nous basant sur l'examen de certains tracés présentant par exemple une ou deux contractions spontanées et isolées, dans lesquelles il est facile d'établir des concordances, pouvons-nous émettre l'opinion qu'il n'y a aucune règle dans la vitesse de propagation de l'onde intestinale.

Parfois aussi les contractions paraissent être synchrones. La fig. 10, par exemple, nous montre des contractions prises simul-

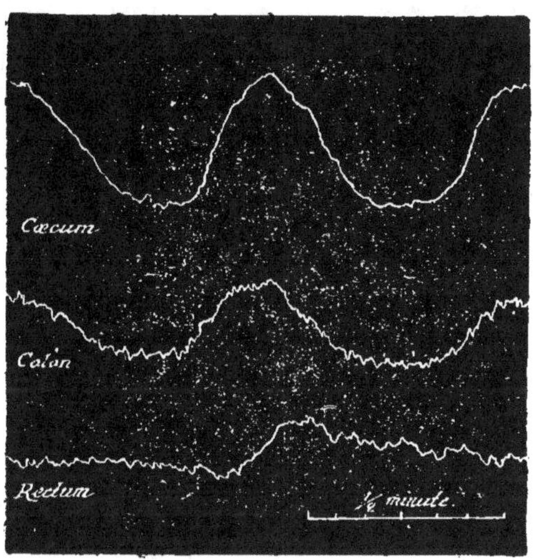

Fig. 10.— (1/1) Simultanéité des courbes cæcale et colique. Retard du rectum.

tanément dans le cæcum et à 25 cent. de l'anus. On voit que les courbes se superposent exactement, tandis qu'une contraction du rectum, à 5 cent. de l'orifice, aura sur celle qui la précède dans le côlon un retard de 22″. Mais, là encore, il est impossible d'affirmer la concordance absolue ou la valeur du retard.

Variations dans le rythme. — Le rythme des contractions intestinales peut aussi varier beaucoup dans une même expérience.

Souvent les contractions s'éteignent dans leur marche et ne se propagent pas très loin; souvent aussi elles se fusionnent en partie en formant une contraction double (fig. 9); plus souvent encore deux contractions paraissent, plus bas, n'en produire qu'une seule qui les représente. C'est là un cas très commun dans le rectum, ce qui nous explique la plus longue durée des contractions de cet organe.

D'ailleurs, les différents points anatomiques de l'intestin présentent dans leur manière d'être une certaine indépendance, surtout entre le côlon et le rectum. Tel tracé (fig. 11) nous montrera, par exemple, des contractions coliques très nettes, tandis que le rectum se trouvera dans un repos absolu; puis, plus loin, une demi-heure après, le même tracé (fig. 12) nous présentera au contraire une certaine activité rectale contrastant avec le calme du côlon.

Lorsque les contractions coliques se propagent au rectum, les premières contractions paraissent ne pas se transmettre. Il est d'ailleurs difficile d'affirmer que deux rythmes coexistants soient toujours la conséquence absolue l'un de l'autre; chacun d'eux peut prendre naissance et s'éteindre simultanément.

Ce qui est peut-être l'exception dans le gros intestin est certainement la règle pour la transmission du rythme de l'iléon au cæcum, que nous avons d'ailleurs vu bien différent entre les deux organes.

Il n'y a pas en effet, comme dans le gros intestin, une continuité anatomique des éléments musculaires du cæcum et de l'intestin grêle.

Les fibres circulaires du gros intestin ne font pas suite à celles de l'iléon, ces dernières entrant dans la constitution de la valvule de Bauhin, tandis que celles du cæcum et du côlon ascendant s'interrompent subitement à la base de cette valvule, pendant qu'une couche de tissu conjonctif les sépare des précédentes. Les deux rythmes peuvent coexister sans doute, mais ils ne sont pas anatomiquement dépendants l'un de l'autre ; tout au plus le sont-ils incidemment, par suite de l'excitation réflexe que les matières chassées par les contractions de l'iléon produisent sur la sensibilité cæcale.

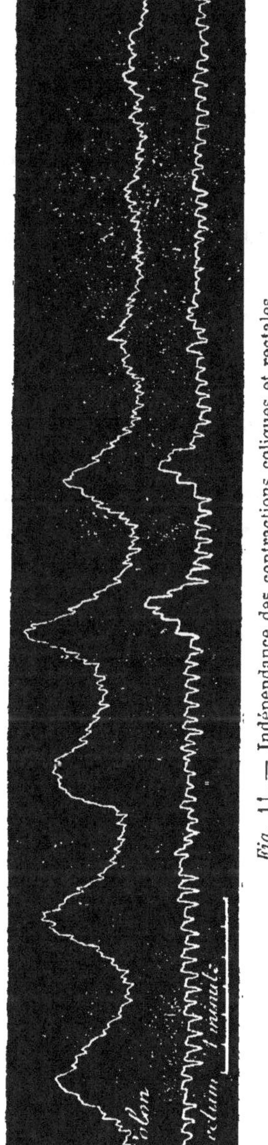

Fig. 11. — Indépendance des contractions coliques et rectales.

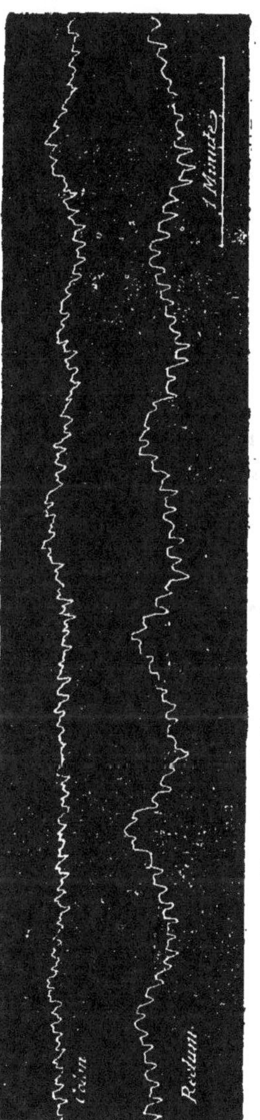

Fig. 12. — Indépendance des contractions coliques et rectales.

En somme, nous pouvons conclure que les contractions intestinales se propagent dans le gros intestin de haut en bas, en suivant un mode manquant de toute régularité. L'onde musculaire se déplace avec une vitesse variable ; elle peut se transmettre sur toute la longueur du tube intestinal, aussi bien qu'elle peut en occuper isolément des segments plus ou moins considérables. Née en un point quelconque du tube, elle peut progresser, puis s'éteindre plus ou moins rapidement, ou se transmettre altérée dans la forme ou ses diverses manières d'être.

De l'antipéristaltisme. — En dehors des contractions intestinales progressant de haut en bas, on a aussi décrit des contractions se faisant en sens inverse, auxquelles on a donné le nom d'*Antipéristaltiques*. On leur attribuait autrefois un rôle très actif; on en faisait une fonction normale de l'intestin. On les considérait comme ayant pour but de ramener momentanément vers le haut les matières alimentaires, amenées vers les parties inférieures par les mouvements péristaltiques. A une série de contractions péristaltiques succédaient des contractions en sens inverse, de sorte que les aliments éprouvaient un mouvement de va-et-vient dans l'intestin, tout en subissant plus énergiquement l'action des contractions péristaltiques et en progressant définitivement de l'estomac à l'anus.

Ces contractions, qui formaient jadis une sorte d'article de foi physiologique et surtout clinique, car il existait des remèdes pour les provoquer, à l'exclusion de leurs antagonistes, ont été contestées en tant qu'élément régulier des mouvements intestinaux.

Si l'on reprend en effet les expériences des auteurs qui ont soutenu la théorie de l'antipéristaltique, on constate qu'ils se sont placés dans des conditions anormales.

Engelmann, par exemple, qui pose en principe que dans toute membrane musculaire le sens de la contraction peut être aussi

bien péristaltique qu'antipéristaltique, a été amené à cette con·
clusion par des expériences faites sur des animaux dont les
anses intestinales étaient exposées à l'air et plus ou moins sou-
mises à l'influence de la dessiccation.

Busch, dans un cas de fistule intestinale, voyant revenir par
l'ouverture des substances introduites dans l'intestin, a cru trouver dans ce fait une démonstration du mouvement antipéristaltique ; mais il faut remarquer qu'il s'agissait d'un cas patho·
logique, la muqueuse intestinale étant le siège d'une vive inflam·
mation.

Falk et Battey admettent aussi que les mouvements antipéristaltiques peuvent faire remonter dans l'estomac les liquides
introduits dans le rectum ; or, les expérimentateurs injectaient
dans le gros intestin une masse énorme de liquide, et leurs résultats ne prouvent que la violence de leurs manœuvres.

Nothnagel, qui a étudié avec beaucoup de soin cette question
en injectant dans différentes portions du gros intestin et de l'intestin grêle des liquides colorés dont il était facile de suivre la
marche à travers les parois de ces organes, arrive, à la suite de
cette longue série de recherches, aux conclusions suivantes :
« A l'état physiologique ou lorsque l'intestin ne renferme aucune
substance irritante, il n'y a que des mouvements péristaltiques.
Si au contraire le contenu intestinal a des propriétés irritantes,
on observe aussi des mouvements antipéristaltiques. »

C'est ainsi que l'eau glacée détermine des contractions annu-
laires antipéristaltiques qui chassent vers le haut le liquide
coloré sur une longueur de 15 à 20 centim. Les solutions cor-
centrées de chlorure de sodium déterminent toujours des contractions ascendantes chassant devant elles le liquide et quelquefois des parcelles solides contenues dans l'intestin.

Pour nous, nous ne les avons jamais rencontrées sur nos tracés. En excitant la muqueuse rectale par l'introduction de nos
appareils, nous avons pu provoquer des contractions, mais nous

ne les avons pas vues se progager vers le haut ; souvent même les contractions ont paru venir d'une partie supérieure au point excité, et ne se transmettre à ce niveau qu'avec un certain retard. Nous ne nierons pas cependant l'existence possible des contractions antipéristaltiques. Legros et Onimus, plus heureux que nous, ont pu en obtenir en excitant la muqueuse de l'anus, et on connaît des cas, dans la science, d'objets introduits dans le rectum, pour les préserver des perquisitions judiciaires, remontés dans des parties supérieures de l'intestin.

CHAPITRE IV.

Causes diverses pouvant agir sur l'activité du gros intestin.

ACTION DES ALIMENTS. — En parcourant l'étude du mode de propagation et de production des ondes intestinales, nous avons constaté des repos d'assez longue durée, souvent même des séances entières de laboratoire, pendant lesquelles il ne se présentait aucune contraction.

Les contractions intestinales sont sans doute sous l'influence d'une action excito-motrice produite par le contact des aliments avec la muqueuse, par le moyen d'un mécanisme réflexe. Mais il est certain que, l'intestin ne fonctionnant que quand il y a pour l'économie un intérêt quelconque à son action, l'état du contenu intestinal doit en régler aussi le rythme, la durée et la période de repos.

M. Schiff a contesté cet effet excito-moteur des substances alimentaires en s'appuyant sur des expériences contradictoires. Il lui est arrivé, dit-il, de vider le contenu de la vésicule biliaire dans le duodénum sans que l'intestin en fût nullement excité par le contact ; en outre, après avoir coupé l'intestin en travers, il a pù, contrairement à ce que nous avons observé, exciter la membrane muqueuse de cet organe sans obtenir aucun mouvement. Longet objecte à cela que les actes réflexes dépendent plus particulièrement de causes spéciales, rappelant à cette occasion que les convulsions du rire sont provoquées par le chatouillement des flancs ou de la plante des pieds, et nullement par des blessures ou des lésions quelconques de ces divers points; que la toux s'éveille par une simple titillation du conduit auditif externe et le vomissement par celle de la luette, tandis qu'ils n'obéissent pas à une excitation plus forte, etc. Du reste, c'est moins la qualité réflexe des contractions intestinales que la nature prétendue de l'impression initiale qui se trouve contredite par M. Schiff, sa théorie faisant dépendre la production des mouvements musculaires, non de l'excitation directe de la muqueuse par le contact des matières, mais de la turgescence sanguine que leur application y apporte.

Nous n'avons sans doute pas d'expérience tendant à fournir des arguments pour ou contre l'action réflexe par arc diastaltique direct ou non ; mais l'examen de quelques résultats obtenus dans nos expériences pourra peut-être nous fournir quelques éléments de discussion.

EXCITATIONS MÉCANIQUES LOCALES. — Remarquons d'abord que les excitations artificielles n'amènent pas généralement le même résultat que l'excitation naturelle du contact des aliments. Mais, en dehors de cette différence, examinons les faits tels qu'ils se présentent à nous.

Et d'abord, nous contesterons les résultats de M. Schiff, au sujet de l'impossibilité de produire artificiellement des contractions intestinales.

L'excitation mécanique de l'intestin peut en effet amener des contractions, mais non d'une manière nécessaire.

C'est ainsi que nous avons vu l'excitation produite par un

corps étranger, par exemple nos sondes et nos ampoules (fig. 5), provoquer parfois une contraction locale ; mais rarement avons-nous observé l'établissement d'un rythme régulier. Après une ou deux contractions, on observe le retour à l'état de repos ; tout au plus si parfois une nouvelle série de contractions très courtes suit celle que l'on vient de provoquer.

On connaît aussi l'effet de l'introduction d'un suppositoire dans le rectum; mais, là encore, les contractions qui se produisent cessent rapidement, et la muqueuse s'habitue à la présence du corps étranger. Nous aurons lieu de revenir sur ce point quand il s'agira de déterminer les fonctions du rectum et la part qui lui revient dans l'acte de la défécation.

Dans d'autres circonstances, une excitation locale peut déterminer un rythme qui se continue pendant un certain temps. C'est ainsi que l'excitation, par un filet d'eau froide, de la muqueuse cæcale au point où chez un animal nouvellement opéré elle venait s'attacher à la peau, a donné lieu à plusieurs reprises à toute une série de contractions qui se propageaient dans toute la longueur de l'intestin.

L'irritation de la muqueuse anale nous a souvent présenté cette circonstance curieuse de produire des contractions partant d'un point plus élevé. Un jet d'eau froide sur l'anus a amené par exemple des contractions rythmiques du cæcum, tandis que le rectum n'a rien manifesté.

L'excitation de la muqueuse peut donc amener des contractions de l'intestin. Est-ce par action locale ? Peut-être. En tout cas, nous avons déjà vu cette excitation se propager et, bien plus, ne pas se montrer au point directement excité, ce qui semble indiquer l'intervention d'autres phénomènes plus complexes.

Excitation de la sensibilité générale. — L'excitation de la sensibilité générale peut en effet amener aussi des contractions de l'intestin, mais en général non rythmiques.

Nous reproduisons ci-contre le tracé (fig. 13) obtenu par la piqûre du scrotum.

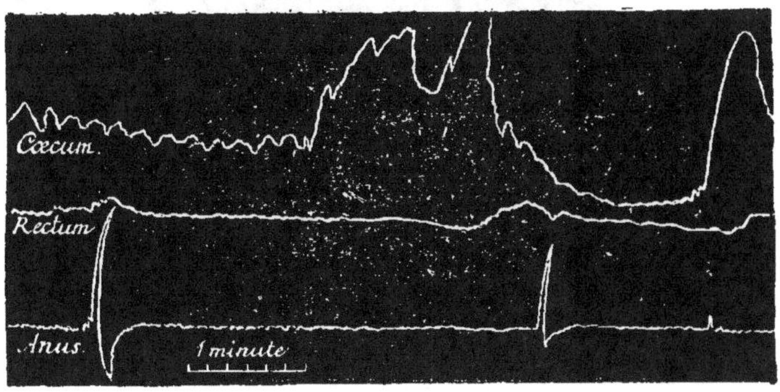

Fig. 13. — (7/11) Graphique des contractions obtenues par une excitation de la sensibilité cutanée (piqûre du scrotum).

Mais, à ce point de vue, l'intestin est un critérium de la sensibilité bien moins puissant que la vessie, sur laquelle, d'après M. Mosso, se transmettent les impressions même les plus légères. Nous avons pu toutefois obtenir des résultats analogues à ceux de cet auteur par des excitations émotionnelles.

Ainsi, nous avons constaté une contraction rectale très nette au moment où le garçon du laboratoire ouvrait à plein jet le robinet de la fontaine.

De même le tracé (fig. 14) a été obtenu par l'impression émotionnelle produite par un choc violent donné sur la table à laquelle était attaché l'animal en expérience.

Les contractions intestinales ainsi obtenues sont généralement précédées d'une dépression légère plus ou moins marquée surtout sur le rectum ; elles ne se montrent pas sous une forme rythmique, mais elles ne paraissent pas se produire simultanément en deux points de l'intestin ; elles se propagent avec une certaine vitesse.

Ces deux tracés nous donnent en outre le réflexe de l'anus et la forme rapide non soutenue de la contraction sphinctérienne.

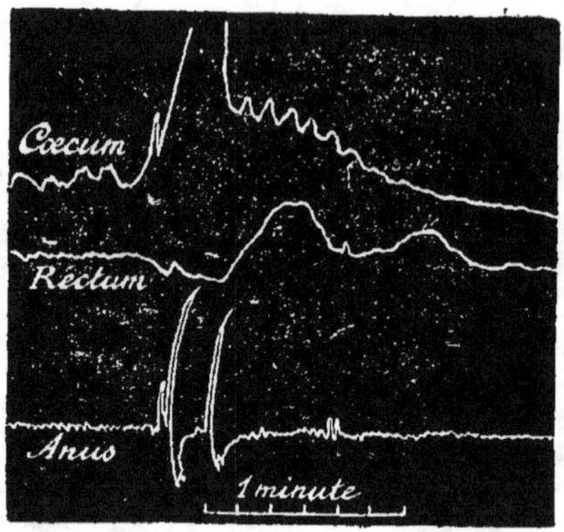

Fig. 14. — (7/10) Graphique des contractions obtenues par une excitation auditive.

Ces diverses excitations agissent nécessairement par voie réflexe, et, bien plus, par l'intermédiaire des modifications circulatoires, comme il est prouvé par l'effet des excitations émotionnelles.

ACTION DE LA CIRCULATION. —On connaît l'action des diverses modifications de la pression sanguine sur les mouvements de l'intestin.

Nous ne pouvons ici qu'effleurer cette étude, sur laquelle nous avons fait un certain nombre d'expériences qui trouveront leur place dans un travail ultérieur.

Lorsqu'on électrise le pneumogastrique dans la continuité, on remarque, ainsi que l'ont vu Legros et Onimus, une dépression intestinale suivie de contraction.

Mais si l'on sectionne le nerf et l'on en excite le bout périphérique, ainsi que l'a fait M. Vulpian, et comme nous l'avons vérifié par la méthode graphique, on obtient une exagération des mouvements de l'intestin.

Cette différence d'action s'explique aisément. Il y a en effet deux éléments qui entrent simultanément en jeu.

D'une part, l'excitation sensitive (le nerf étant excité dans la continuité ou bien seulement le bout central) détermine la dépression primitive. Telle aussi l'observons-nous sur les tracés que nous avons obtenus par l'excitation de la sensibilité générale (fig. 13 et 14).

Mais ultérieurement se produisent des contractions qui sont sous l'influence de l'arrêt du cœur, amenant l'anémie de tout le système artériel. On les obtient en effet par l'excitation du bout périphérique du pneumogastrique, mais elles ne se montrent pas lorsque le nerf est paralysé par l'atropine.

L'action du pneumogastrique produit donc un résultat semblable à celui que nous donnent des tracés obtenus par des moyens différents, et dont ce nerf nous permet de faire une analyse, en rapportant à chacun des actes physiologiques qui interviennent simultanément la part qui leur revient.

L'effet de la diminution de la pression sanguine est encore manifestement net, avec quelques agents toxiques. C'est ainsi qu'à la suite d'une injection hypodermique de muscarine nous avons observé un abaissement énorme de la tension artérielle, et simultanément des contractions très fortes du côlon.

On sait d'ailleurs que si l'on comprime l'aorte abdominale, si on lie l'artère mésentérique, ou si l'on intercepte la circulation dans une anse intestinale, il se produit de véritables mouvements convulsifs de l'intestin.

De même, lorsqu'un animal meurt d'hémorrhagie, il se produit une ou plusieurs contractions énormes, qui, chose curieuse que nous signalons, ne se produisent pas simultanément dans le côlon et dans le rectum, mais qui au contraire se transmettent de l'une à l'autre avec un retard très appréciable.

Ajoutons encore que ces contractions hémorrhagiques se produisent aussi lorsque l'on a sectionné tous les nerfs qui se rendent de l'intestin à la moelle, ce qui indique nettement que les contractions intestinales anémiques proviennent, non d'une anémie médullaire, mais bien d'une action locale sur les muscles ou le système nerveux intra-viscéral.

Inversement, on peut provoquer les convulsions de l'intestin en le congestionnant, en empêchant la circulation en retour par la compression de la veine-porte, ou bien en déterminant la stase veineuse par l'asphyxie.

En conséquence, deux états circulatoires absolument opposés, l'anémie et l'hyperémie, ou plutôt une même cause, l'absence d'oxygène ou la présence de CO_2, amènent des contractions intestinales.

Le système grand sympathique, qui tient sous sa dépendance la circulation de l'intestin, peut donc, en modifiant le cours du sang dans les vaisseaux, anémier ou congestionner l'intestin, et agir ainsi par cette voie détournée sur les mouvements de cet organe.

Nous sommes donc ainsi ramené à la théorie de Schiff, qui, si elle n'est pas prouvée, a du moins pour elle une base certaine dans l'expérimentation physiologique.

Purgatifs. — Il est certains agents médicamenteux qui introduits dans le tube digestif, soit par l'estomac, soit par lavement, provoquent des évacuations alvines. Sans rechercher quelle est la théorie de la purgation, encore fort controversée, nous nous contenterons d'exposer le résultat obtenu par l'action de ces médicaments.

Mais comme l'eau nous a servi souvent de véhicule, il importe d'examiner quelle peut être son action, d'autant plus qu'on l'introduit quelquefois dans le tube digestif dans un but thérapeutique.

Nous avons donné à plusieurs de nos chiens des lavements d'*eau froide*, et, conformément à l'opinion de Legros et Onimus, nous avons observé une exagération des mouvements péristaltiques. Au début, il se produit une sorte de spasme de l'intestin avec des contractions irrégulières, souvent multiples, telles que nous les avons rencontrées accidentellement, auxquelles succède un rythme régulier dont les contractions sont plus fortes qu'à l'état normal. Ces contractions ne sont pas seulement localisées au point excité, mais se rencontrent aussi simultanément sur des points plus élevés, le cæcum par exemple, où l'injection n'a pas pénétré.

L'*eau chaude* ne paraît pas avoir d'influence bien marquée lorsqu'elle est injectée à dose modérée et à la température du corps; elle produit au contraire des manifestations de douleur et des contractions quand sa température est trop élevée.

L'eau n'agit donc que comme excitant thermique de la sensibilité. Nous l'avons vue déjà agir dans le même sens par excitation réflexe cutanée ; mais ici elle produit en outre, au début, une sorte de spasme qui provient probablement de l'excitation directe des tuniques de l'intestin. Dans certains cas, il se produit sans doute une contraction d'un anneau plus ou moins long de l'intestin qui peut en oblitérer le calibre; en particulier, au niveau de la partie supérieure du rectum, ainsi que nous l'avons vu dans une de nos expériences, où une pression d'eau de 1 m. n'a pu faire pénétrer dans l'intestin que 150 centim. cubes de liquide, tandis que l'écoulement s'est accentué lorsque la canule a été poussée jusque dans le côlon.

L'action locale de l'eau froide sur l'intestin cesse rapidement; en même temps que sa température s'élève, l'excitation cesse elle-même.

Conformément à l'opinion généralement soutenue, les *purgatifs salins* ne paraissent pas agir sur la tunique musculaire de l'intestin. A plusieurs reprises, nous avons donné des lavements de sulfate de soude ou en avons introduit par une fistule cæcale, et nous n'avons rien obtenu de bien précis. On observe bien une action passagère, comme celle produite par l'eau froide, mais rien de bien applicable à l'action du purgatif. Cette action ne persiste pas, et ne se montre même pas lorsque l'on a soin de porter le liquide à la température du corps. L'examen pratiqué plusieurs heures après l'action du médicament ne montre aucune différence fonctionnelle d'avec un intestin normal.

Les purgatifs salins n'agissent donc pas en excitant les mouvements péristaltiques. L'évacuation de liquide qu'ils provoquent peut sans doute s'expliquer par les phénomènes de l'osmose ; mais cette théorie, toute physique, fondée sur des expériences précises et soutenue par des hommes éminents, tend aujourd'hui à faire place à une théorie plus physiologique, celle de l'irritation catarrhale, fondée sur la turgescence de l'intestin, constatée par M. Vulpian, qui déterminerait une activité sécrétoire considérable. (G. Sée et Vulpian.)

Certains sels agissent au contraire comme irritants de la muqueuse. C'est ainsi que le chlorure de sodium concentré augmente pendant quelques minutes l'énergie des contractions; mais cette action ne persiste pas longtemps.

Il est des *purgatifs dits drastiques* qui amènent au contraire une suractivité intestinale. Si l'on donne du *croton* à un chien, soit par la bouche, soit en le portant au contact de la muqueuse au moyen de l'ampoule exploratrice trempée dans un mélange de cette substance et d'huile d'olive, on ne tarde pas à constater des contractions puissantes, rapides, se montrant dans toute la longueur de l'intestin. Ces contractions sont intenses, irrégulières. Elles peuvent se produire pendant un laps de temps très considérable et amener assez souvent rapidement la défécation ou l'expulsion des appareils explorateurs. Elles provoquent des manifestations douloureuses qui s'indiquent par des cris, des gémissements, des contractions thoraciques ou abdominales qui compliquent le tracé. Lorsque les contractions douloureuses de l'intestin paraissent momentanément cesser, on peut les faire reparaître en excitant de nouveau mécaniquement la muqueuse intestinale.

Le croton à dose exagérée peut déterminer une violente inflam·
mation de l'intestin qui s'accompagne d'une diminution de calibre, ainsi qu'on le remarque par la difficulté que l'on éprouve
pour introduire les sondes exploratrices.

Il n'en est pas de même de l'inflammation produite par des
causes extérieures, la péritonite par exemple. Chez nos chiens
opérés de fistules intestinales, et chez lesquels se déclarait une
péritonite, les essais d'inscription ne nous donnaient aucun
résultat, et il était facile de voir, en introduisant le doigt par la
fistule, une dilatation extrême. La péritonite détermine donc une
paralysie de l'intestin.

D'autres purgatifs drastiques agissent aussi, quoique avec moins
d'énergie, dans le même sens que le croton; ce sont: le julep, le
séné, la scammonée, etc. C'est ainsi que des lavements de décoc·
tion de follicules de *séné* ont produit chez des chiens une suractivité intestinale, en particulier quant au nombre et à la rapidité
des contractions. Quant à la force, nous n'avons guère trouvé de
différence d'avec les contractions normales. C'est ainsi que des
contractions mesurées avant et après le lavement nous ont donné
les chiffres suivants :

Avant.		Après.
26	. . . .	25
20	. . . .	28
8	. . . .	23
26	. . . .	26

Les purgatifs drastiques paraissent donc agir en activant les
contractions intestinales, mais non en augmentant leur énergie.
Quand nous nous occuperons des coliques, nous aurons à examiner à quoi tiennent les manifestations douloureuses qu'elles produisent.

Médicaments toxiques. — D'autres médicaments non consi-
dérés comme purgatifs peuvent aussi agir sur l'intestin, le *tabac*

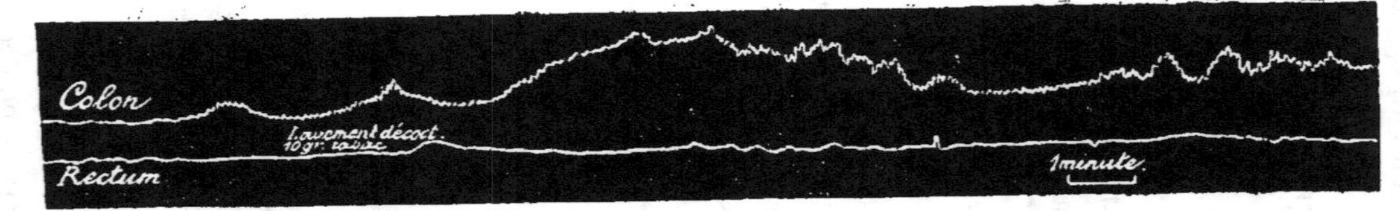

Fig. 15.— (3/13) Action d'un lavement de tabac.

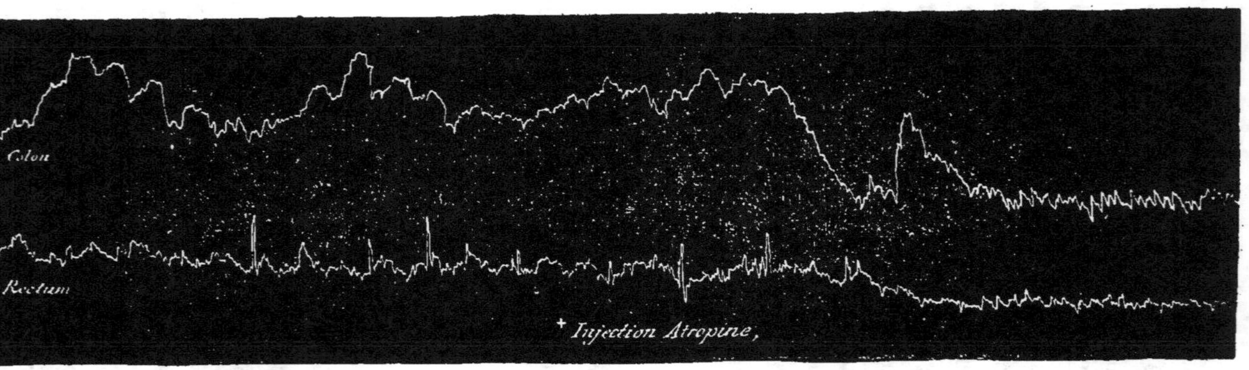

Fig. 16.— (1/1) Action de la pilocarpine et de l'atropine.

par exemple. Le tracé fig. 15 donne l'état du côlon après un lavement d'infusion de tabac ; on observe au début une très grande contraction, ou plutôt une sorte d'état tétanique de l'intestin qui tend à refouler l'injection ; puis peu à peu la tension s'abaisse, tout en restant supérieure à la normale, et les contractions paraissent nombreuses et rapides.

De même après la *muscarine*, sur l'action générale de laquelle nous avons fait de nombreuses expériences [1]. La tension colique s'élève rapidement et se maintient un certain temps assez élevée dans le côlon, ou bien il se produit plusieurs fortes contractions présentant la même allure; après quoi les contractions reparaissent, peut-être plus fortes et plus puissantes qu'à l'état normal. Le rectum, au contraire, paraît être peu sensible à cette action.

A la dernière période de l'intoxication par la muscarine, on observe dans l'intestin un rythme tout particulier. Ce ne sont pas, à proprement parler, des contractions, mais bien des variations de tonus bien plus rapides que les contractions normales et qui rappellent le rythme vasculaire que Traube a signalé avec le curare dans la période ultime, et que nous avons retrouvé aussi avec un poison agissant d'une manière analogue, quoique plus complexe, le *Gelsemium sempervirens*.

La *pilocarpine* agit aussi de la même manière. Elle active les contractions de l'intestin et peut le faire passer de la phase de repos à celle de contraction.

Nous aurons à revenir en un autre temps sur les causes possibles de l'action de ces divers médicaments sur l'intestin et à les discuter.

Ajoutons seulement que dans nos expériences sur l'action de la muscarine, nous avons vu toujours la production des contrac-

---

[1] En commun avec le Dr L. Planchon ; *Les Champignons comestibles et vénéneux des Cévennes et de la région de Montpellier.* Th. Montpellier, 1883.

tions intestinales coïncider avec une diminution considérable de la pression fémorale. De même le mouvement rythmique observé dans la période ultime de l'intoxication est synchrone d'un rythme vasculaire analogue.

Y a-t-il relation de cause à effet ? Sans doute pour le premier point ; non peut-être pour ce qui regarde le rythme vasculaire. Mais en tout cas, pour ce point particulier, pouvons-nous émettre l'opinion que les fibres lisses des vaisseaux et de l'intestin se comportent d'une manière identique dans certaines intoxications, soit excitation des cellules intra-pariétales, soit des fibres lisses elles-mêmes.

L'*atropine*, d'après M. Meuriot, augmente à faible dose les contractions intestinales ; Legros et Onimus ont en outre constaté que si l'intestin se meut d'une façon exagérée sous l'influence d'une petite quantité d'atropine, il se paralyse à dose élevée.

La fig. 16 nous montre, très nettement indiqué, l'apaisement et la dépression produites par une injection hypodermique de sulfate d'atropine sur un intestin déjà surexcité par l'action de la pilocarpine.

M. Morat a fait sur l'action de l'atropine, sur les mouvements de l'estomac, une expérience analogue.

On connaît d'ailleurs l'antagonisme physiologique des alcaloïdes de la belladone et du jaborandi.

C'est sans doute à l'affection paralysante des préparations belladonées que l'on doit l'apaisement des coliques intestinales, en particulier la colique de plomb. Chez un saturnin, sur lequel nous avons appliqué notre procédé d'exploration pendant qu'il était soumis à l'influence de l'atropine, nous avons trouvé en effet une paralysie intestinale complète, caractérisée par un repos absolu et surtout par une transmission très nette du rythme respiratoire, en même temps que disparaissaient les caractères douloureux de son affection.

La *morphine* paraît ralentir les mouvements de l'intestin lorsqu'elle est donnée à dose toxique. Elle paraîtrait au contraire,
d'après MM. Nasse et Nothnagel, les activer à faible dose. Dans
nos expériences, nous nous sommes souvent servi de chiens
modérément morphinés, et n'avons pas vu de différence d'avec
ceux examinés à l'état normal.

Le *curare* à dose trop considérable peut agir sur les fibres
lisses; mais on n'a pas à redouter d'erreur expérimentale produite par son action quand on ne donne que la dose limite nécessaire pour paralyser l'animal.

Il faut au contraire être plus attentif quand on se sert du *chloral*
et du *chloroforme*. Ces deux agents tendent en effet à abaisser
la tension de l'intestin et à en supprimer les mouvements. Dans
nos recherches, nos opérations ont été généralement faites sous
l'influence de la morphine et du chloroforme, mais nous avons
toujours attendu, pour expérimenter, que la phase de sommeil
chloroformique fût complètement dissipée.

CHAPITRE V.
Des Coliques.

On désigne sous le nom de coliques certains phénomènes
douloureux caractérisés par des exacerbations et des intermittences avec tendance aux irradiations lointaines, dont les organes à fibres lisses paraissent avoir le triste privilège.

Théories de la colique. — On admettait jadis diverses formes de coliques: les coliques symptomatiques et sympathiques,
les coliques névrosiques, essentielles ou primitives, sans parler
de la colique nerveuse des pays chauds, dont on faisait une entité
morbide à part; de là, plusieurs théories de ce phénomène. Mais
aujourd'hui que la tendance est toute différente et qu'on ne re-

garde plus la colique que comme partout et toujours symptoma-
tique, l'explication doit être une aussi et applicable à toute la
généralité des cas. Or, si l'on considère que la colique présente
une analogie assez complète avec un phénomène purement physiologique, la douleur qui accompagne la contraction utérine,
et que d'un autre côté les organes qui sont le siège de ce phénomène présentent une structure à peu près identique, on est
naturellement amené à penser que le phénomène pathologique
colique doit s'expliquer de la même façon que le phénomène
physiologique, douleur utérine.

C'est à la suite d'une observation de ce genre que Traube
exposa la théorie généralement admise de la colique, théorie
qu'il résume dans la proposition suivante :

« Lorsque les liquides contenus dans un réservoir musculaire
rencontrent un obstacle à leur écoulement, toute la partie qui
est au-dessus de l'obstacle éprouve de temps à autre des contractions péristaltiques très énergiques. De là, tension des parois, douleurs qui se manifestent par accès comme les contractions elles-mêmes. Dès que l'obstacle est levé, les contractions,
que l'on peut parfois voir et sentir, ne manquent pas de disparaître. Les coliques sont donc des tensions ou des contractions
musculaires. » (Traube, *Deutsche Klinik* et *Schmidt's Jarbücher*,
1863.)

Le nom de colique vient de côlon, le *Grimm Darm* des Allemands, ou intestin de la colique par excellence; c'est en effet
l'organe qui paraît en être le siège le plus habituel. Essayons
donc d'en tirer des arguments ou des objections à la théorie que
nous venons d'exposer.

Moyen de provoquer des coliques. — Il est facile de produire volontairement des coliques chez l'homme. Un lavement
d'eau froide sous une certaine pression et avec une certaine
force nous fournira les éléments de cette étude.

Notre appareil était disposé de la façon suivante : Une canule d'une longueur de 30 centim., pénétrant au delà de l'S iliaque, met le côlon en rapport avec un manomètre inscripteur, dont le zéro, pour éviter toute correction, est placé au niveau de l'extrémité de la sonde qui s'ouvre dans l'intestin. Un tube en T, intercalé sur le trajet du tube conducteur, mettra intestin et manomètre en rapport avec un réservoir d'eau à pression et à niveau constant. Par un simple jeu de robinets, on pourra établir la communication entre le réservoir, le manomètre et le rectum, simultanément ou isolément, et inscrire la pression sous laquelle est donné le lavement, la distensibilité de l'intestin sous cette influence, et enfin, en supprimant le réservoir, la force de la contraction que l'on aura provoquée.

L'appareil étant ainsi disposé, on laisse l'eau arriver dans l'intestin sous une pression de 1^m,50 environ, et l'on observe.

Le tracé que nous reproduisons (fig. 17) relate une de ces expériences. Le réservoir étant placé à une hauteur équivalant à 11°,4 de pression mercurielle, on le met en rapport avec l'intestin et le manomètre. La pression tombe immédiatement au-dessous de zéro, s'y maintient quelque temps, jusqu'à ce que la quantité de liquide écoulé ait rempli la cavité virtuelle de l'intestin, puis remonte peu à peu en exerçant sur les parois une pression de plus en plus forte et, atteint à 4°,6, expression correspondant au maximum de distension que peut acquérir l'intestin, sous 11°,4 Hg. En conséquence, l'élasticité intestinale fait équilibre à 5°,4 Hg.

La pression se maintient en effet à ce niveau. Si, suivant de l'œil le papier qui se déroule, on fait simultanément l'analyse des sensations que l'on éprouve, on constate que, sous l'influence de cette distension, se manifeste un sentiment douloureux de plénitude et de gêne, pendant lequel se montrent des coliques. Puis, fermant le robinet qui met en rapport l'intestin et le réservoir, on voit la pression s'abaisser, tout en se maintenant au-dessus de zéro. La douleur continue; mais, en même temps que es exacerbations, se m ontrent des contractions intestinales.

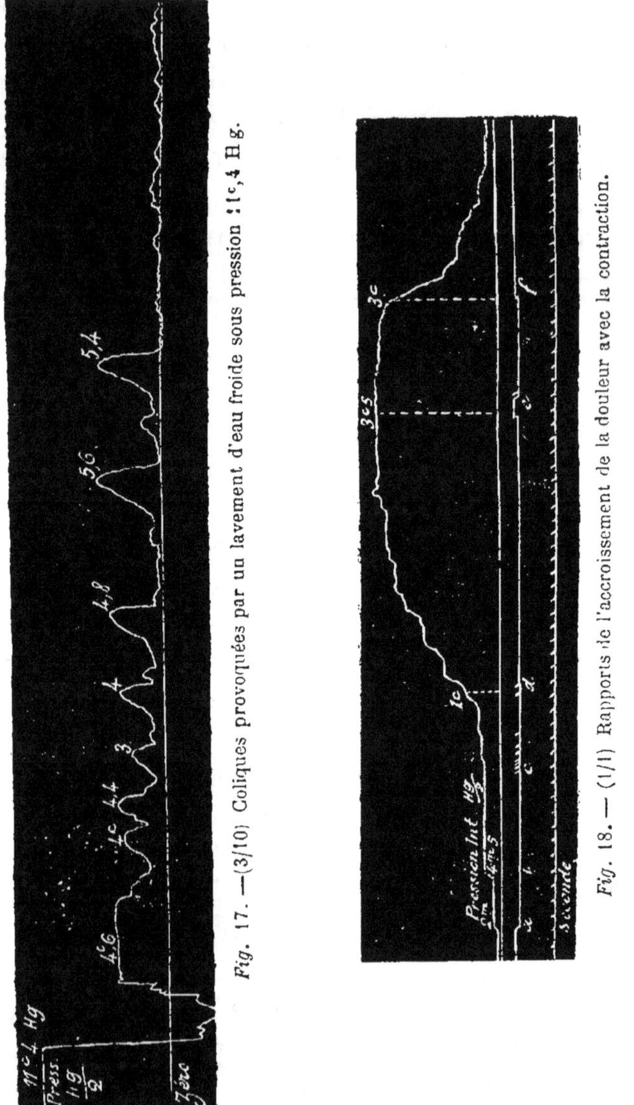

Fig. 17. —(3/10) Coliques provoquées par un lavement d'eau froide sous pression 1c,4 Hg.

Fig. 18. — (1/1) Rapports de l'accroissement de la douleur avec la contraction.

Enfin, la pression étant descendue peu à peu à zéro, on voit disparaître la douleur, deux fortes contractions se produire, et avec elles la colique ; après quoi l'intestin rentre en repos : douleur et contraction ont complètement disparu.

Il résulte de cette analyse que l'élasticité intestinale fait équilibre à une pression de $5^e,4$ Hg, et que cette élasticité cède peu à peu sous l'influence d'une tension constante ; que, sous cette distension, se manifestent de vagues phénomènes douloureux, mais que la douleur colique coïncide avec le phénomène contraction.

RAPPORTS DE LA CONTRACTION ET DE LA DOULEUR. — Cette douleur suit toutes les phases de la contraction ; faible au début, elle s'accroît avec elle, augmente peu à peu, acquiert un maximum, et diminue ensuite au moment où la courbe s'abaisse, mais bien plus rapidement que la courbe elle-même. Elle finit avant que la contraction ait cessé.

Au début, au contraire, il semble que la douleur précède la contraction, non précisément de la douleur, mais un malaise particulier qui présage une colique et en est l'avant-coureur.

Mais si l'on poursuit plus attentivement cette étude, on constate qu'il n'en est pas ainsi, et que ce prélude coïncide réellement avec le commencement de la surpression intestinale.

Certes, il n'est pas toujours aisé de l'observer, et on pourrait facilement être induit en erreur ; mais sur des tracés un peu rapides et grâce aux procédés graphiques, on peut parfaitement s'en assurer.

A cet effet, et pour comparer les diverses phases de la douleur à celles de la contraction, en enlevant l'observateur au souci de l'examen simultané et à l'influence des idées préconçues pour isoler la sensation de l'acte mécanique et de l'inscription qui s'en fait, avons-nous voulu inscrire la sensation elle-même et la superposer graphiquement à la contraction. Dans ce but, un interrupteur électrique se trouve placé sur le trajet d'une pile aboutissant à un signal Deprez. Il nous suffira d'ouvrir ou de fermer le courant pour indiquer, par exemple, le début ou la fin de la douleur, ainsi que par des signes conventionnels les différentes particularités que l'on pourrait avoir à noter.

Dans le tracé (fig. 18, voir pag. 60), au moment où l'on éprouve le malaise précurseur, on ferme le courant électrique: le malaise augmente, puis la douleur commence à paraître légère, à peine perceptible, et on la signale en interrompant le courant par quelques secousses. En ce moment, on note la pression de 5 millim., mais on est encore dans un doute que trahit l'incertitude du signal. Puis la douleur s'accroît, devient nette ; en ce moment, la pression est à 7 millim.; on hésite une seconde, et déjà elle s'est élevée à 1 centimètre. Dès lors, elle s'accroît rapidement, s'élève à $3^c,5$, y reste un moment stationnaire, puis décroît rapidement, ou plutôt cesse, pour ainsi dire, tout à coup. En ce moment, on ouvre le courant.

La fig. 19 nous donnera les mêmes résultats. Malaise au moment où la pression quitte le zéro pour s'élever à 3 millim. ; puis nouveau signal indiquant une nouvelle surpression, tremblement de l'interrupteur signalant à 9 millim. le passage douteux du malaise à la douleur ; puis la pression s'élève à $5^c,2$, en même temps que la douleur s'accroît et disparaît à $2^c,2$.

Dans le tracé (fig. 20), nous n'avons pas indiqué la phase prémonitoire ; nous sommes parti du moment où la colique a commencé à se manifester. Le signal indique 11 millim. ; mais il se trouve légèrement en retard, et l'on voit nettement le point où la surpression s'accentue, à 7 millim., et avec quelle rapidité. La douleur devient violente à $2^c,4$, et finit à $3^c,6$, après un maximum de pression de 5 centim. Mais on voit en plus de ce que nous avons lu dans le tracé précédent, après que le courant a été ouvert, une série de secousses qui indiquent presque jusqu'à la fin de la contraction un sentiment d'embarras que nous n'avions pas encore indiqué.

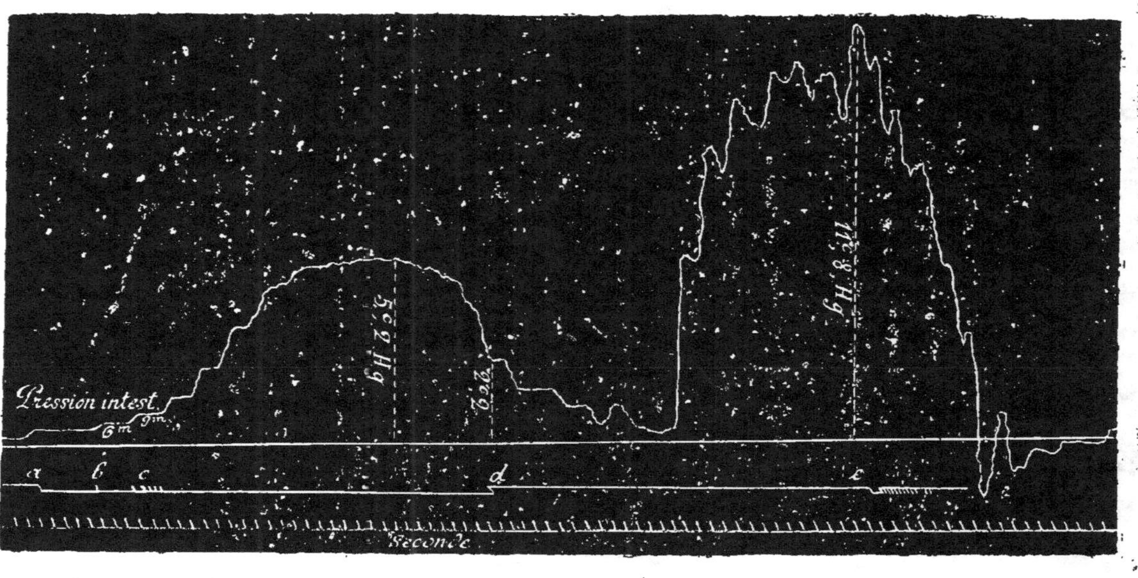

Fig. 19. — (1/1) Contraction douloureuse du côlon. Force de résistance volontaire du sphincter anal.

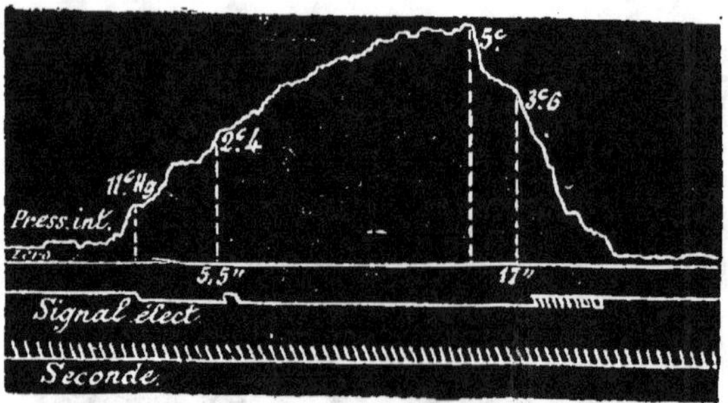

Fig. 20.—(1/1) Rapport de la douleur et de la contraction.

Enfin la fig. 21 nous montrera une phase particulière de la contraction. Ce sont des rémittences qui ont été indiquées par le signal sans que l'observateur ait eu notion de ce qui s'inscrivait.

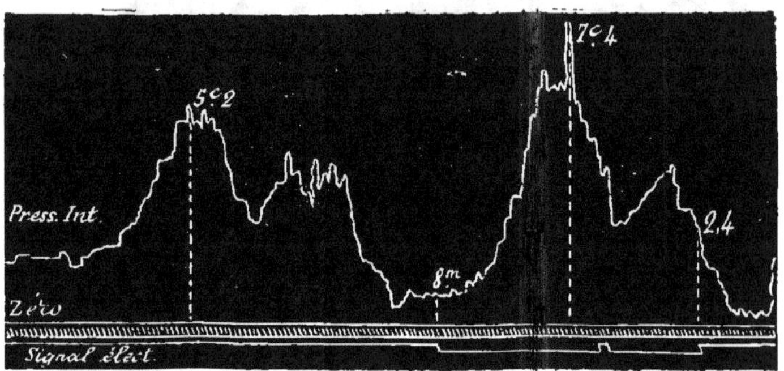

Fig. 21. — (1/1) Contractions douloureuses rémittentes.

On y remarquera, en outre, que sur l'une de ces contractions le maximum de pression paraît s'être élevé à 7ᶜ,4. Mais la forme rapide de cet accident indique l'intervention des muscles volontaires. La pression étant en effet élevée à 6ᶜ,4, la douleur a été tellement vive qu'il a fallu un effort de volonté pour réagir, en même temps que l'excès de douleur ou l'acte psychologique amenait un effort musculaire.

Forme de la contraction. — Les contractions douloureuses

de l'intestin ne diffèrent guère de celles que nous avons décrites; il suffit de se rapporter à nos figures. Même phase ascendante, d'abord lente, s'élevant à peine au-dessus de zéro, puis s'accentuant de plus en plus pour atteindre un summum, après quoi, et c'est là toute la différence, la courbe s'abaisse rapidement au début, puis plus lentement vers la fin.

Cette différence s'explique si l'on songe aux conditions tout autres en face desquelles on se trouve : le muscle a développé une grande énergie, il s'est fatigué; aussi tend-il à se contracter facilement, d'autant plus que la contre-pression qui s'exerce sur lui tend à le ramener à son premier état de distension.

On observe souvent entre les deux phases, au lieu d'une courbe très rapide ou d'un angle relativement peu obtus, un plateau qui indique une permanence momentanée du maximum de contraction; mais encore l'observe-t-on très rarement (fig. 18).

Parfois aussi on rencontre des contractions un peu plus longues que celles qui les précèdent, mais présentant une rémittence de plus ou moins de durée, sortes de contractions doubles, tantôt presque complètement fusionnées et passant au plateau, tantôt au contraire très nettement distinctes (fig. 21).

Force.— Quant à la force, il nous est facile de la mesurer en prenant la hauteur de la ligne maximum au-dessus de zéro.

Dans l'expérience que nous avons relatée (fig. 17), nous lirons ainsi, pour des contractions qui se suivent, les chiffres évalués en Hg : 4^c ; $4^c,4$; 3^c ; 4^c ; $4^c,8$; $5^c,6$; $5^c,4$.

Si, à côté de ceux-là, nous prenons les résultats d'autres expériences, nous trouvons tous les intermédiaires entre 2 centim. et $6^c,4$, ce dernier chiffre relativement rare (fig. 21).

Une autre observation que nous tirerons de nos recherches, c'est que la force de la contraction est en raison inverse de la pression sous laquelle elle se produit. Le muscle, distendu par une pression de x, ne pourra vaincre qu'une résistance bien moindre que celle qu'il développera lorsque son action s'exercera sur un milieu soumis à une pression plus faible ou nulle au début, et la flèche de la contraction au-dessus du zéro commun sera bien plus faible dans le premier cas.

On voit en effet (fig. 17) que, l'intestin se trouvant à une certaine pression, les premières contractions sont plus faibles que celles qui se produisent ultérieurement, quand son élasticité se sera prêtée à la pression qui agit sur elle.

Durée. — La durée des coliques est aussi variable. Le même graphique nous donne les chiffres de 26″ ; 47″ ; 33″ ; 46″ ; 54″ ; 52″ ; 54″ ; et, dans d'autres cas, nous pouvons nous élever à 1′,51″, maximum qui n'a jamais été dépassé dans nos expériences, la moyenne se trouvant entre 40″ et 1′.

Il est difficile d'établir un rapport de durée entre les deux phases de la contraction. Dans la fig. 20, on le trouve de 55″ à 17″, soit environ 2/3 pour la période active et 1/3 pour celle de retour du muscle à l'état de repos.

En résumé, la douleur dite colique coïncide avec la contraction de la tunique musculaire de l'intestin. Son intensité peut s'évaluer par la hauteur de la flèche ; plus la colonne de mercure s'élève plus haut, plus la douleur est considérable. Faible pour les contractions légères, presque nulle ou confuse dans certains cas où la flèche était à peine de 1 centim., elle devient intolérable dans certaines circonstances, et il faut parfois une grande force de volonté pour continuer à se soumettre à une douleur qui élève la pression à 6 centim.

La douleur suit toutes les phases de la contraction ; faible au début, elle s'accroît avec elle, acquiert le même maximum, diminue au moment où la courbe s'abaisse, mais bien plus rapidement que la courbe elle-même.

Le moment où la douleur cesse est variable, non physiologiquement peut-être, mais par suite de l'interprétation de la sensibilité individuelle, variable suivant le moment et l'intensité de la douleur. Dans les coliques fortes, elle peut disparaître lentement. Dans des coliques plus faibles, elle disparaîtra à un niveau bien plus élevé, proportionnellement à la hauteur de la courbe.

Au début, il semble que la douleur précède la contraction ; il n'en est rien. Toute colique s'annonce par une sensation de lourdeur et de gêne très légère, mais qui n'en coïncide pas moins avec le début de la courbe et passe insensiblement à la douleur, quand la pression atteint 6 à 10 millim.

La distension de l'intestin par une pression équivalente produit la même sensation de malaise.

Appréciation de la théorie de la colique. — Si nous reprenons maintenant la théorie de Traube, nous voyons qu'elle paraît se rapporter assez bien aux faits que nous venons d'exposer. La colique est une contraction musculaire produite par la tension des parois intestinales.

Une tension, même légère, de l'intestin, amène déjà un malaise qui n'est pas de la douleur, mais qui le deviendra lorsque la tension elle-même deviendra plus considérable par l'effet de la contraction.

Mais la théorie, telle qu'elle a été exposée par son auteur, ne nous paraît pas exactement tenir compte de tous les faits.

La colique nous paraît en effet avoir aussi pour cause première l'irritation produite par un agent quelconque de la sensibilité de la muqueuse intestinale. Nous avons vu en effet l'inflammation produite par le croton déterminer de violentes coliques ; de même l'irritation produite par le séné ou les autres purgatifs de même ordre. Or, dans ces cas, il n'y a pas distension ni obstacle mécanique à l'écoulement des liquides.

C'est à la même action, l'irritation de la muqueuse, que se rapporte aussi la colique que l'on observe parfois chez les enfants nourris d'un lait altéré.

De même dans les coliques néphrétiques et hépatiques, c'est plutôt l'irritation produite par le corps étranger sur la muqueuse des canaux excréteurs, que l'obstacle apporté par lui à l'écoulement des liquides, qui est la cause première de la douleur, ou, pour mieux dire, de la contraction douloureuse.

Les coliques sont des contractions; mais Traube nous paraît en désaccord avec les faits quand il dit que ce sont des contractions péristaltiques. On doit plutôt les considérer comme un spasme de l'intestin, comme une crampe de la tunique musculaire, soit totale, soit se manifestant sur une longueur variable, et non comme une onde contractile qui se transmettrait .d'après les lois que nous avons développées.

S'il en était comme le veut Traube, nous devrions avoir, sur le graphique caractérisé par une douleur, une contraction douloureuse d'une durée relativement longue, correspondant à toute l'onde musculaire qui se déplace. Nous ne devons pas oublier en effet que, dans nos expériences, nous opérons sur l'intestin considéré comme cavité close, et non en tant que fonction d'un anneau limité. Or, nous ne trouvons pas dans la colique de contractions de longue durée ; il n'y a pas de différence d'avec celles que nous rencontrons à l'état normal. La forme est la même que celle que nous donnent nos ampoules, tout au plus parfois un petit plateau. Il n'y a que la force qui les distingue, puisqu'elle peut s'élever à 5 et 6 centim.

Et, d'autre part, sur nos chiens, dont nous prenions simultanément les contractions en différents points de l'intestin, après lavement de séné, nous avons presque toujours rencontré un synchronisme parfait entre deux points quelquefois très éloignés (fig. 22).

Qu'il en soit toujours ainsi, nous ne le soutiendrons sans doute pas, car, avec le séné, nous avons observé quelquefois la couleur, caractérisée graphiquement par un effort des muscles volontaires, se montrer un peu avant le début de la contraction (fig. 25), ce

qui semblerait indiquer une douleur portant sur un point plus
élevé que celui qu'interroge notre ampoule (et encore ne serait-ce
pas plus tôt, la manifestation exté-
rieure du malaise prémonitoire en-
gageant l'animal à se débarrasser de
ce qu'il prévoit devoir lui amener
de la douleur ?) ; mais qu'il y ait
un spasme local, une contracture et
non une onde progressive, c'est ce
que certainement nous nous croyons
le droit de soutenir.

C'est donc, croyons-nous, avec
quelque raison que nous considérons la colique comme une crampe
pouvant être occasionnée non seulement par la distension (et dans ce
cas la douleur devient d'autant plus
forte que la contraction elle-même
ne fait qu'augmenter cet état en
s'exerçant sur un milieu incompressible et à l'écoulement duquel
un obstacle se trouve opposé), mais
encore par une irritation quelconque
sur laquelle l'intestin se contracte à
vide.

On sait d'autre part que les spas-
mes des fibres musculaires lisses

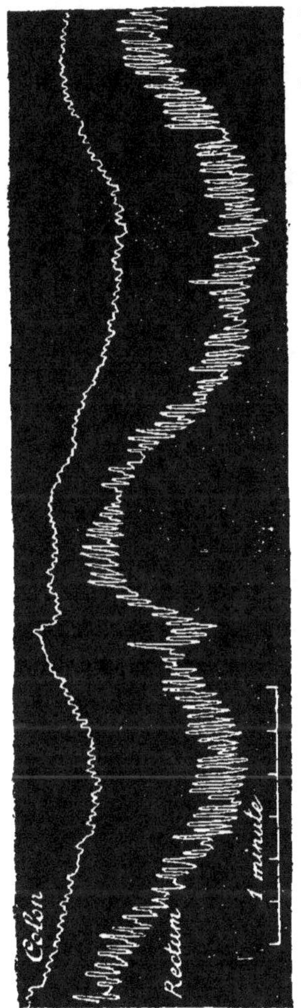

Fig. 22. — (1/1 Synchronisme des contractions douloureuses de l'intestin après lavement de séné.

n'ont pas la durée qui caractérise les crampes des fibres striées ;
ils ne diffèrent de la contraction normale que par l'énergie de la
contraction. N'est-ce pas ce que nous rencontrons dans la colique ?

CHAPITRE VI.

Rôle du gros intestin dans la digestion.

Mode de progression des matières dans le gros intestin. — Lorsque, par suite des contractions péristaltiques de l'intestin grêle, les matières alimentaires rendues, d'une consistance plus dure, par l'absorption qui s'est opérée dans ce long trajet, arrivent au niveau de la valvule iléo-cæcale, l'iléon les repousse dans le premier réservoir de l'intestin, le cæcum, qui reçoit ces résidus et les arrête quelque temps en vertu de sa plus grande largeur et de sa déclivité. Les contractions de ce cul-de-sac les chassent ensuite dans le côlon, car la valvule de Bauhin, qui laisse sortir facilement le contenu de l'iléon, oppose une résistance au courant inverse.

Cette résistance résulte d'un mécanisme complexe.

En raison de l'insertion de l'intestin à angle droit sur la paroi latérale du gros intestin, la résultante des contractions cæcales passe en tangente au-devant de l'iléon et en coupe l'axe en travers, de façon que les matières sont poussées dans le sens du gros intestin, sans réagir fortement vers l'embouchure de l'intestin grêle.

Après le cul-de-sac du cæcum, la lèvre de la valvule leur fournit un nouveau point d'appui. Les deux valves que forment cette valvule s'appliquant l'une sur l'autre et s'ouvrant dans le sens du cæcum, on conçoit que les plus faibles contractions de l'intestin grêle suffiront pour faire passer son contenu dans le cæcum en les écartant sous sa pression liquide; tandis que les contractions cæcales, refoulant les matières contre elles, auront pour effet de les rapprocher et d'oblitérer l'ouverture de ce véritable clapet, d'autant plus énergiquement que la pression sera plus forte. Il suffit en effet de remplir l'intestin d'eau sous une certaine pression pour observer ce mécanisme d'occlusion ; il ne passe pas une seule goutte de liquide dans l'iléon, et cela, même lorsque on élève la pression assez haut pour distendre l'intestin outre mesure. Ses diverses tuniques peuvent se rompre sous une colonne de mercure de 40 à 50 centim. par exemple; mais, comme nous l'avons vérifié, la valvule ne cède pas [1].

Poussées dans le côlon, les matières y cheminent progressivement par suite des contractions péristaltiques, dont le mécanisme a pour effet de les accumuler vers les points les plus déclives, du côté du rectum, après leur avoir fait perdre la plus grande partie des liquides qui en faisaient une masse à demi molle et leur avoir donné la consistance de fèces.

RÔLE D'ABSORPTION. — Grâce à la prédominance de son calibre sur l'intestin grêle et la loi d'écoulement dans les tubes dont les diamètres s'accroissent, le côlon ralentit le cours des matières et leur permet un plus long séjour au contact de la muqueuse absorbante, dont la surface est augmentée par les replis qui la couvrent et les anfractuosités qu'ils y produisent.

Suivons un bol fécal. En pressant sur la pâte qui le constitue, les parois intestinales y enfoncent leurs replis falciformes et en retiennent la couche superficielle dans leurs cavités cellulaires. Les couches profondes continuent leur chemin sans interruption et se perdent peu à peu dans ces cellules successives à mesure qu'elles remontent elles-mêmes à la superficie du bol.

---

[1] On a observé dans certains cas pathologiques des vomissements de matières fécaloïdes. D'autre part, pendant plusieurs séances d'entéroclysme pratiquées dans les hôpitaux de Naples pendant la dernière épidémie cholérique, mon excellent ami Dr Mme Alex. Tkatcheff a vu les malades rendre quelquefois par la bouche le liquide (eau gommeuse, acide tannique, laudanum) poussé dans le rectum sous une pression de 2 mètres d'eau.

Il y a là sans doute des conditions dont nous ne pouvons pas nous rendre compte ; mais nous croyons utile de signaler ce fait, qui nous permet d'affirmer que dans certains cas, sur un *intestin vivant*, la valvule iléo-cæcale peut être anormalement franchie.

Ce bol s'épuise en avant et se reconstitue en arrière par les parties de sa masse abandonnées les premières dans les anfractuosités, car les parois de l'intestin, se contractant alors à vide, rejettent successivement le contenu de leurs cellules, qui reprend sa marche au sein du bol, dont il formait auparavant la surface.

Le résultat de ces arrêts partiels n'est donc plus qu'un ralentissement pour la masse entière. Dans ce séjour, les matières augmentent de consistance par suite de l'absorption de l'eau et deviennent plus ou moins dures, jusqu'au point de former des scybales s'il est trop prolongé.

Rôle régulateur des évacuations; théorie de O'Beirne. — En dehors de son rôle dans le ralentissement des matières et leur fragmentation, le gros intestin sert encore de réservoir et espace les intermittences d'évacuation. Aussi l'a-t-on appelé le régulateur de la défécation, en attribuant plus particulièrement cette fonction à la partie située dans la fosse iliaque et au rectum.

A ce sujet se rattache une théorie célèbre, émise en 1833 par O'Beirne (de Dublin), qui refuse au rectum, du moins à l'état normal, ce rôle de réservoir. D'après cet auteur, le rectum paraît seulement destiné au passage des fèces ; son rôle serait analogue à celui de la bouche et de l'œsophage dans la déglutition. Le rectum serait normalement vide et contracté. Les matières s'accumuleraient dans l'S iliaque, au point où elle sort de la cavité pelvienne, et y seraient retenues par un épaississement des fibres musculaires auquel l'auteur donne le nom de sphincter supérieur, désigné depuis sous celui de sphincter O'Beirne.

Ajoutons d'ailleurs que les diverses courbures de l'intestin en ce point font perdre, en la distribuant latéralement et en dehors de l'axe du canal intestinal, une grande partie du poids que ces matières exerceraient sur ce sphincter.

Ce n'est qu'au moment de l'effort que les matières, franchissant le sphincter, pénètrent dans le rectum pendant la défécation, et ce n'est qu'alors que sa musculature entre en action.

O'Beirne appuie sa théorie sur les données suivantes.

« Le rectum chez un homme sain, aussi bien au moment du besoin de l'exonération que quelques minutes après une selle, est le plus souvent vide et revenu sur lui-même. Les doigts ne sont pas souillés dans le toucher rectal. Les sondes introduites dans sa cavité ne ramènent ni gaz ni matières fécales, tandis que ce phénomène a lieu dès que l'instrument a pénétré dans l'S iliaque plus haut que 10 pouces et demi.

»Après la paralysie des muscles du sphincter, après sa section, il n'y a nullement impossibilité de retenir ses fèces.

»La sonde chemine avec difficulté à travers la partie la plus élevée du rectum. En ce point, elle passe comme à travers un anneau. »

Cette théorie a été fortement contestée, en particulier par M. Richet, qui s'appuie sur le fait de la présence des matières dans la partie la plus inférieure de l'intestin. Mais il faut distinguer l'état normal de l'état pathologique, et il paraît absolument établi que, chez un sujet dont les fonctions sont régulières, le rectum ne contient pas de matières dans l'intervalle des selles.

Le rôle de réservoir du côlon est d'ailleurs parfaitement établi dans certains cas physiologiques. C'est ainsi que l'on trouve une grande accumulation de méconium, à la fin de la grossesse chez le fœtus, de même que chez les animaux hibernants.

SENSATION DE BESOIN. — Chez un individu à fonctions normales, les selles se produisent toutes les vingt-quatre heures, mais elles peuvent dans certains cas ne se renouveler qu'à des intervalles très éloignés. Le besoin d'évacuation se manifeste par une sensation spéciale qu'O'Beirne attribue à l'accumulation des matières dans l'S iliaque au-dessus du sphincter supérieur. Ce point de sa théorie nous paraît inexact. Le besoin de la défécation ne réside pas dans l'S iliaque, mais bien dans le rectum ; il est provoqué par la présence des matières qui, amoncelées dans la partie supérieure, ont franchi le sphincter interne, On sait en effet, et nous l'avons éprouvé sur nous-même avec nos ampoules, que le contact d'un corps étranger avec la muqueuse rectale produit un besoin d'évacuation. Nous savons même qu'il détermine, par action réflexe, des contractions énergiques péristaltiques partant de plus haut que le point excité, La présence de matières dans le rectum détermine donc des contractions qui amènent les parties supérieures à se vider de leur contenu. Or, cette sensation n'existe pas quand on introduit une ampoule dans le côlon.

Lorsqu'on ne veut pas satisfaire à ce besoin, on peut le réprimer, surtout quand il est léger. La volonté intervient à cet effet en obturant le sphincter externe, et les matières sont refoulées, soit par les contractions abdominales et un léger effort, soit par les contractions en masse du rectum, soit par des contractions péristaltiques dont le sens s'inverserait. Dans ces cas, peut-être, peut-on admettre l'existence de l'antipéristaltisme.

Le besoin peut disparaître ainsi pour se renouveler plus tard, peut-être parce que le rectum est vidé ; mais il est certain aussi que le rectum peut s'habituer au contact du corps étranger. Si la volonté réagit sur les différents essais d'exonération, les matières s'accumulent certainement dans l'ampoule rectale, qui sert alors réellement de réservoir. Dans ce cas, la sensibilité rectale peut s'émousser complètement par ce contact prolongé, et il se produit souvent, chez les femmes en particulier, une inertie complète que l'on est obligé de réveiller en excitant la sensibilité par des suppositoires. Chez les vieillards et les paraplégiques, on peut ainsi rencontrer une distension énorme de l'ampoule rectale sous l'influence de cette accumulation prolongée, et l'on a vu le rectum remplir presque toute la cavité du petit bassin.

Cette sensation de besoin d'exonération peut aussi être illusoire et déterminée par une pression médiate sur les parois du rectum. Un calcul volumineux de la vessie, une tumeur de la prostate, la présence de la tête du fœtus dans l'accouchement, peuvent la faire naître. Une inflammation de la muqueuse, comme la dysenterie, les hémorrhoïdes internes, ou voisine, comme une prostatite, peuvent produire un résultat de même nature, qui n'a pas de tendance à disparaître et qui constitue le ténesme.

CHAPITRE VII.

De la Défécation.

DISPOSITION ANATOMIQUE DES PARTIES QUI JOUENT UN ROLE DANS L'ACTE DE LA DÉFÉCATION.

La défécation est sous la dépendance directe de plusieurs agents : les contractions intestinales propres, qui peuvent parfois déterminer l'expulsion ; l'action des muscles du petit bassin, qui tantôt par leur antagonisme déterminent l'occlusion et viennent en aide à la volonté pour retenir les matières fécales, et tantôt au contraire interviennent dans le phénomène de l'effort et deviennent synergiques de la presse abdominale.

Étudions la disposition de la portion terminale de l'intestin.

Pour déboucher au dehors, le rectum traverse une épaisse cloison musculaire que l'on pourrait comparer au diaphragme, cloison dont la concavité est dirigée en haut et en avant, et, de même que le diaphragme entoure chez certains animaux (Phoque) d'un anneau musculaire puissant le conduit œsophagien, de même les muscles striés du bassin semblent entourer d'un anneau très étroit la partie terminale du rectum.

Il se produit là un enchevêtrement de fibres prenant des insertions sur les mêmes parties fibreuses qui forment de ce point une région très compliquée, et se prêtent un mutuel appui dans l'acte auquel elles sont destinées.

Disposition des fibres musculaires lisses. — Comme dans le reste de l'intestin, la tunique musculaire se compose de deux ordres de fibres : les unes longitudinales, les autres circulaires ; mais, en raison des fonctions du rectum, elle prend ici une importance exceptionnelle.

Les fibres circulaires forment la couche la plus interne et offrent une disposition analogue à celle que l'on trouve sur le reste du gros intestin ; il faut en excepter la partie inférieure, où elles constituent un anneau beaucoup plus épais, le sphincter interne.

Le plan longitudinal est plus complet que sur le reste du gros intestin. Les trois bandelettes coliques, arrivées sur le rectum, se partagent en deux faisceaux, l'un antérieur, l'autre postérieur, qui, à mesure qu'ils descendent, s'élargissent de plus en plus, en perdant leur épaisseur sans cesser d'être nettement distinctes. L'antérieur, plus large et plus mince, offre l'aspect d'un ruban ; le postérieur, plus épais, forme une sorte de cordon toujours plus accusé.

Entre ces deux bandelettes, il existe des fibres longitudinales latérales qui naissent de la partie supérieure du rectum, qui se multiplient à mesure que l'on se rapproche de la portion anale, formant des faisceaux séparés par des interstices celluleux qui complètent le plan musculaire longitudinal de l'intestin.

Parvenues à la partie inférieure du rectum, comment se terminent toutes ces fibres ? MM. Sappey et Leroux ont divisé ce plan longitudinal en trois couches dont chacune prend des insertions différentes sur un des trois plans du plancher de l'excavation pelvienne, savoir : aponévrose pelvienne supérieure ; releveur de l'anus et ischio-coccygiens ; peau.

Les fibres du premier plan superficiel ont des insertions différentes, et en arrière et sur les côtés. Sur les côtés, elles se fixent à la face profonde de l'aponévrose pelvienne supérieure, qu'elles unissent ainsi étroitement à l'intestin. En arrière, elles se réfléchissent de bas en haut et remontent jusqu'au sommet du sacrum en formant un petit faisceau à concavité supérieure, duquel se détachent, chemin faisant, quelques fibres qui vont se fixer, les unes sur l'intersection fibreuse des deux muscles ischiococcygiens, les autres sur la partie médiane de la face antérieure du coccyx.

Chez le chien, nous avons trouvé un faisceau analogue, mais bien plus puissant, formé par toute l'épaisseur de la couche longitudinale postérieure, qui va s'insérer, après un trajet de 3 à 4 centim., sur les 4e et 5e vertèbres coccygiennes.

Les fibres longitudinales qui composent le second plan sont les plus nombreuses. Sur les côtés du rectum, elles se fixent à une lame cellulo-fibreuse très dense qui, par sa face opposée, donne insertion au muscle releveur de l'anus. Ainsi réunies par cette sorte d'intersection aponévrotique, les fibres longitudinales du rectum et les fibres correspondantes des releveurs de l'anus représentent deux grandes courbes à concavité supérieure, appliquées par une de leurs extrémités sur les parois de l'intestin, et attachées par l'autre aux parois de l'excavation pelvienne. En avant, les fibres du plexus moyen s'insèrent sur l'aponévrose latérale de la prostate, par l'intermédiaire de laquelle elles se fixent en réalité sur les branches ischio-pubiennes.

Les fibres longitudinales qui forment le plan profond offrent toutes les mêmes insertions. Elles vont se fixer à la face profonde de la peau qui avoisine l'anus par autant de petits tendons qui cheminent entre le sphincter interne et le sphincter externe, ou qui, traversant ce dernier, vont s'insérer en dehors des précédents et forment une série de couches concentriques et de plus en plus externes, de sorte que les plus éloignés de l'anus se fixent à la peau qui répond aux limites extrêmes du sphincter. Luschka a donné de ces petits tendons une description qui concorde avec celle de Sappey. Leur existence est aujourd'hui admise par tous les anatomistes.

Si nous considérons ces différents plans dans leur ensemble, nous constatons : que toutes ces fibres, appliquées sur l'intestin dilaté en ampoule, divergent de la partie supérieure vers la partie moyenne de l'ampoule rectale, convergent de la partie moyenne vers sa partie inférieure, puis divergent de nouveau tout autour de l'anus ; qu'elles décrivent par conséquent une double courbure : l'une supérieure, dont la concavité regarde l'axe du rectum ; l'autre inférieure, dont la concavité regarde du côté opposé à cet axe.

MUSCLES STRIÉS DU PÉRINÉE. — Les muscles striés qui entrent dans la constitution de l'orifice externe et qui jouent un rôle dans la défécation sont : le sphincter externe et le releveur de l'anus.

Le *sphincter externe* entoure la portion terminale du rectum et double le sphincter interne lisse. Il forme un canal de 8 à 10 millim. en arrière, pouvant atteindre 2 centim. en avant. Il s'attache en arrière au repli fibreux qui s'étend de l'anus au coccyx ; de là, il s'étend en avant, en contournant le rectum de ses deux moitiés et en s'épanouissant dans le sens de la hauteur. Parvenues au-devant de l'orifice anal, ces fibres s'entre-croisent de nouveau et se continueraient, d'après quelques auteurs, avec les muscles voisins du périnée, transverse, bulbo-caverneux et releveur dont ce muscle paraît être un épaississement circulaire.

Les fibres du *releveur de l'anus* partent, en rayonnant : 1° d'une arcade aponévrotique étendue de l'épine sciatique à la symphyse pubienne ; 2° du pubis ; 3° du raphé ano-bulbaire. Les fibres parties de l'arcade pubio-ischiatique, les plus nombreuses, vont s'insérer au repli ano-coccygien et au coccyx. Les fibres moyennes se dirigent en bas et en arrière, en décrivant une courbe à concavité supérieure, et se terminent sur les côtés du rectum, avec lequel elles contractent des connexions intimes ; elles s'attachent sur une lame cellulo-fibreuse dépendant de l'apo-

névrose pelvienne, lame qui donne insertion par sa face opposée aux fibres longitudinales les plus superficielles du rectum. Les fibres antérieures parties des deux côtés de la symphyse
pubienne s'entre-croisent après avoir contourné la prostate. On
admet qu'elles poursuivent ensuite leur trajet et vont concourir
à former, celles du côté gauche la portion droite du sphincter, et
celles du côté droit la moitié gauche. M. Sappey, s'élevant contre
cette opinion, les fait se terminer sur le bord supérieur du
raphé fibreux, qui s'étend de la partie terminale du rectum vers
le bulbe de l'urèthre.

ROLE DES DIVERS MUSCLES INTERVENANT DANS LA DÉFÉCATION.

Quel est le rôle dévolu à chacune des muscles que nous venons
de décrire, et quelle est leur action synergique dans l'acte de la
défécation ?

Rôle du sphincter.— Le sphincter, entourant l'anus d'un anneau circulaire, tend à oblitérer cet orifice par sa tonicité ; mais,
si les matières sont sous une pression trop forte, il faut que la
volonté intervienne pour renforcer son action et déterminer une
occlusion plus complète. Dans le cas contraire, le sphincter se
laisse dilater et leur livre passage.

La tonicité n'est pas alors supprimée, comme le prouvent la
rigidité et la tension des bords de l'anus au passage des matières, mais elle est vaincue par le bol fécal, qui s'engage dans
l'anneau sphinctérien, pendant que d'autres forces antagonistes
tendent à venir en aide à cette action.

Si au contraire les matières sont liquides ou gazeuses, il faut
une action bien plus énergique pour empêcher leur écoulement,
car la tonicité est insuffisante pour oblitérer complètement cette
ouverture, même sous une pression relativement faible.

Force de tonicité.— Il nous a paru intéressant d'essayer de
déterminer la force de la tonicité du sphincter, mais nous n'avons

pu arriver à un résultat bien certain. Elle est en effet d'autant plus grande que l'anus est plus dilaté par l'introduction des appareils. Par conséquent, un animal en expérience avec une canule ne se trouvera pas dans un état identique à celui dans lequel il se trouverait si son anus n'était pas légèrement forcé. Cette tonicité peut être vaincue par de bien faibles pressions, car, dans nos expériences sur les coliques, nous devions faire des efforts volontaires pour retenir le liquide ; puis parfois, supprimant l'action de la volonté, nous avons vu toujours, en l'indiquant par un signal électrique, les liquides s'échapper même sous des pressions mercurielles excessivement faibles, alors que la douleur n'était plus perceptible. Tout au plus peut-on évaluer cette tonicité, pour les liquides, à quelques millimètres de mercure.

Force de contraction volontaire. — Quant à la force de résistance volontaire, nous l'avons aussi mesurée : il suffit pour cela, après avoir pris un lavement, d'essayer de le rejeter dans le manomètre en contractant énergiquement le sphincter, la limite de résistance étant atteinte quand le liquide s'échappe le long de la canule. Dans une expérience faite dans ces conditions, nous avons pu atteindre la pression de 8^c ; $10^c,4$; $9^c,7$ dans trois poussées successives, sans que la barre anale ait été franchie; mais, un moment après, les efforts ayant été plus soutenus (fig. 19), nous avons vu sourdre le liquide à la pression de $11^c,8$. C'est donc entre 11 et 12 centim. de Hg que nous pouvons évaluer la force de résistance volontaire du sphincter.

Role du releveur de l'anus. — Cette action obturatrice du sphincter est contre-balancée par le releveur de l'anus, dont le rôle est excessivement complexe.

Pris en masse dans son action, le releveur de l'anus uni à l'ischio-coccygien forme la partie musculaire du plancher périnéal.

Ces deux muscles représentent à eux deux une sorte de diaphragme qui oppose sa concavité à celle des muscles plus élevés. Pendant l'effort, la cavité abdominale étant comprimée par le diaphragme, les viscères repoussés se heurtent contre le plancher, qui s'avance au-devant d'eux.

En dehors de leur rôle de paroi, leur insertion mobile étant inférieure à l'insertion fixe, les releveurs élèvent l'orifice anal et le portent au-devant du bol fécal.

Placés autour du rectum comme une sangle, ils peuvent, pendant leur contraction, comprimer le rectum. Budge a vu sur un chien chez lequel il excitait, après la mort, les fibres du releveur de l'anus, s'arrêter l'écoulement du liquide qu'il avait injecté dans l'intestin.

Cette compression du rectum peut avoir pour effet d'aider à l'exonération, quand le sphincter n'oppose pas de résistance; elle peut aussi, d'après Henle et Budge, dans le cas où le sphincter externe manque, suffire à la fermeture du rectum.

Enfin on accorde au releveur de l'anus une action dilatatrice sur le sphincter. En se raccourcissant, les fibres antérieures tendent manifestement à porter la partie antérieure de l'orifice anal en avant et les latérales en dehors, tandis que les postérieures, plus nombreuses et unies aux ischio-coccygiennes, jouent plus spécialement le rôle de paroi.

Nous reproduisons ci-contre un tracé (fig. 23) qui résumera ces diverses actions si complexes. Une ampoule cylindrique et allongée a été introduite dans l'anus ; sur un animal revenu du sommeil chloroformique, on excite successivement les trois racines postérieures sacrées La première excitation, correspondant à la première sacrée, donne manifestement une contraction striée très nette qui correspond à l'action du sphincter. Au contraire, l'excitation des 2ᵉ et 3ᵉ racines donne un résultat tout différent. Il y a au début une surpression indiquant un resserrement de l'anus ; mais cette surpression est de courte durée, le levier s'abaisse immédiatement et tombe au-dessous de la normale en produisant l'inscription de dilatation très nette.

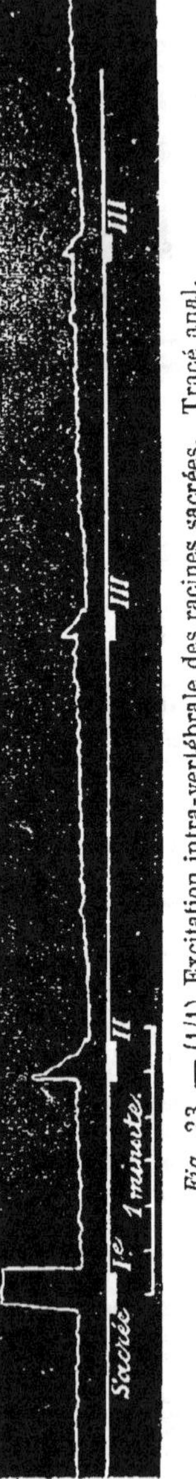

Fig. 23. — (1/1) Excitation intra-vertébrale des racines sacrées. Tracé anal.

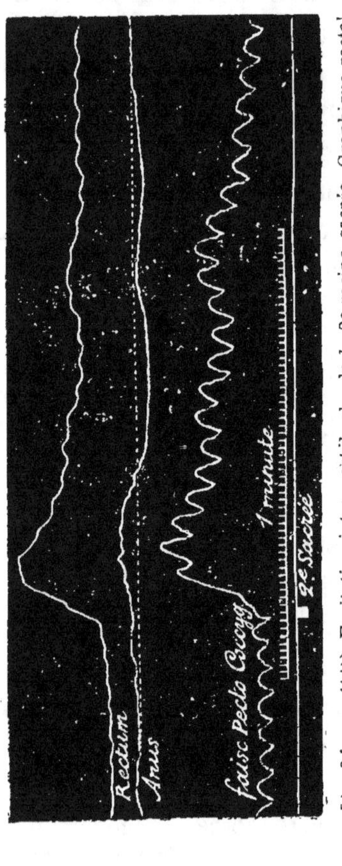

Fig. 24. — (1/1) Excitation intra-vertébrale· de la 2e racine sacrée. Graphique rectal, anal et faisceau longitudinal. Chien curarisé.

Nous ne voulons pas entrer dans la discussion que pourrait amener l'analyse de ce tracé; nous nous contentons de signaler ce résultat de dilatation consécutive à une surpression rapide survenant à la suite de l'excitation des racines sacrées. Cette surpression est-elle fonction du sphincter ou du releveur ? Nous ne pouvons le déterminer, sans entrer dans des considérations trop longues pour ce travail.

Nous rappelons aussi deux tracés pris dans des conditions absolument normales, reproduisant le réflexe anal sous l'influence d'une excitation de la sensibilité, et qui montrent bien, l'un une contraction très nette de l'anus suivie immédiatement d'une dé pression brusque (fig. 13), tandis que le second (fig. 14) repro-duit cette même action, mais répétée.

Nous pouvons donc conclure que dans les fonctions de l'anus il y a deux muscles, dont l'un certainement le resserre, tandis que l'autre produit sûrement une dilatation et peut-être une compression au début.

Action dilatatrice des fibres longitudinales du rectum. — Si nous reprenons momentanément le tracé (fig. 23), nous constatons que la dilatation de l'anus qui s'indique par la dépres-sion produite par les racines sacrées ne cesse pas avec l'arrêt de l'application de l'excitateur électrique, ainsi qu'il devrait en être avec un muscle strié. Cette dilatation persiste et ne revient que lentement à son niveau antérieur. D'autre part, nous ne constatons rien de semblable sur les fig. 13 et 14. Est-ce un défaut de sensibilité de notre appareil ou devons-nous l'attribuer à un phénomène plus complexe ?

Le tracé (fig. 24) nous en fournira la réponse.

La même excitation a été faite sur un chien curarisé, dont par conséquent les fibres striées se trouvent rendues inertes.

La ligne supérieure est celle du rectum au niveau de la dila-tation ampullaire, la deuxième celle de l'anus, la troisième

l'inscription au moyen d'un myographe à transmission du fais
ceau recto-coccygien, que nous avons décrit et qui n'est que la
continuation des fibres longitudinales du rectum.

L'excitation produit, nettement marquée, la contraction du
muscle recto-coccygien et la compression de l'ampoule rectale;
ce qui nous permet de conclure que les fibres longitudinales du
rectum compriment son contenu.

Mais le tracé sphinctérien est plus complexe. On observe bien,
il est vrai, une surpression légère au début, mais bientôt après
une dépression qui se continue bien au delà de l'excitation,
comme la contraction des fibres longitudinales elles-mêmes. Ce
tracé complète donc et explique le précédent, qui représente à
la fois une action striée et une action lisse, dont le début est
masqué par la première.

Nous pouvons donc admettre que la contraction des fibres
longitudinales du rectum amène une compression de cet organe
et une dilatation du sphincter.

Ajoutons encore que, par leurs contractions, les fibres longitudinales tendent à ramener l'anus vers le haut, ainsi qu'il résulte
du tracé du muscle recto-coccygien. Il est vrai qu'à l'état normal, chez le chien, l'action est peut-être inverse, l'insertion
coccygienne ayant au contraire pour effet, quand l'animal lève
la queue, de fournir un point d'appui fixe aux fibres longitudinales.

Mais l'action dilatatrice n'en persiste pas moins. Elle n'est pas
d'ailleurs seulement le résultat de ce faisceau postérieur, correspondant, avons-nous dit, au faisceau rétracteur de l'anus,
mais bien celui de toutes les fibres longitudinales, latérales et
antérieures, car dans notre expérience le faisceau recto-coccygien
était complètement disséqué et isolé du sphincter; le tracé que
nous reproduisons est donc celui de l'action des fibres longitudinales, sur lesquelles notre opération n'avait pas porté.

Chez l'homme, l'anatomie avait déjà donné l'intuition d'une

action semblable, mais aucune expérience tendant à la démontrer n'avait été faite. Si nous rappelons en effet la distribution
des fibres longitudinales, nous constatons la présence d'une disposition signalée par M. Sappey, qui en a tiré les déductions auxquelles nous avons fourni le critérium de l'expérience. Ces fibres
forment en effet dans leur ensemble deux courbures: l'une supé·
rieure, regardant l'axe du rectum ; l'autre inférieure, dont la
concavité regarde du côté opposé à cet axe. Ces deux courbures
tendant à se redresser au moment de la défécation, la première
a nécessairement pour effet de resserrer la cavité du rectum, en
la raccourcissant, tandis que la seconde a au contraire pour
résultat de dilater l'anus en l'élevant, c'est-à-dire en le portant
au-devant des matières à expulser, qui, ainsi comprimées en haut
de toutes parts et trouvant en bas une voie libre, s'y engagent
sans difficulté.

MÉCANISME DE LA DÉFÉCATION.

Il nous reste maintenant à étudier l'acte de la défécation, et à
voir quel est le rôle, isolé ou synergique, qui est dévolu aux
divers muscles que nous venons d'étudier, dans les différentes
formes de cet acte.

Défécation involontaire.—La défécation peut être involontaire lorsque les sphincters ne fonctionnent plus ou fonctionnent
anormalement, ou bien lorsque les forces antagonistes se trouvent supérieures à la limite d'action que peut lui donner la volonté.

Dans certains cas pathologiques où le sphincter n'existe pas,
les malades ne peuvent pas garder leurs matières. Dans ces quel·
ques circonstances toutefois, on les a vus accuser le besoin d'aller
à la garde-robe et le réprimer, soit que le releveur de l'anus
intervienne pour le suppléer ; soit que, la sensation de besoin se
produisant dans l'S iliaque, le sphincter de O'Beirne suffise
pour les arrêter. A la suite d'accouchements laborieux, le sphinc-

7

ter anal perd de sa tonicité, et pendant un certain temps les accouchées ne peuvent garder leurs selles.

Quand les matières sont trop liquides, nous savons que la tonicité du sphincter est insuffisante pour obturer complètement l'orifice sous une faible pression ; il est nécessaire alors de faire intervenir une contraction active qui se trouve bientôt épuisée. Enfin, quand les contractions intestinales sont surexcitées par certains purgatifs, quand les fèces sont irritantes par elles-mêmes ou que le bol fécal pèse lourdement sur l'anus, comme lors de la débâcle de la défécation, on peut observer la même incontinence de matières. Nous ne rappellerons que pour mémoire les conséquences que peut quelquefois avoir une émotion violente, qui, soit suractivité intestinale, soit hypersécrétion, soit peut-être aussi et simultanément ces trois causes, provoque des débâcles pour l'expression desquelles le langage populaire a su trouver un mot énergique et pittoresque ; enfin, un effort violent peut encore amener le même résultat.

Défécation des liquides. —Les liquides peuvent être expulsés sous l'influence seule des contractions intestinales ; nous avons vu l'effet des injections d'eau froide et les coliques qu'elles amènent. De même, à l'état normal, les contractions intestinales produisent la défécation des liquides ; il suffit pour cela du consentement de la volonté. On sait que, dans la diarrhée ou à la suite d'un lavement, le liquide s'échappe en jet avec une force considérable, contre laquelle l'action de la volonté se trouve bien souvent impuissante.

Défécation des gaz. —L'expulsion des gaz s'accomplit généralement avec plus de difficulté que celle des liquides ; ce qui dépend sans doute de ce que la masse gazeuse n'est pas également sollicitée par la pesanteur et qu'elle offre à la contraction de la tunique musculaire un point d'appui moins favorable ; mais dès qu'ils sont amenés, par l'action des contractions intestinales, à l'orifice de l'anus, les gaz peuvent, sous cette influence, avec le concours tacite de la volonté, trouver une voie où il leur est possible de s'échapper. Ils se précipitent au dehors, en ébranlant le pli muqueux que forme à l'état de relâchement le pourtour de l'anus, d'où un son assez grave produit par la vibration de ce véritable instrument à anches.

Si la volonté, un peu tard avertie, s'oppose, mais imparfaitement, à cette issue en rétrécissant le chemin, le son, par suite de l'étroitesse de l'orifice et de la tension des parties vibrantes, devient notablement plus aigu. Enfin, par un effort énergique, on peut complètement oblitérer le passage ; mais cet effort, qui nécessite un resserrement extrême du sphincter, ne peut être longtemps soutenu et n'aurait pas d'efficacité si la faible densité des gaz prêts pour le départ ne tendait à les ramener dans des régions plus élevées de l'intestin. Pour que les gaz se présentent ainsi et cherchent à sortir, il faut qu'une contraction intestinale les entraîne en dépit de leur densité ; mais, s'ils sont lentement amenés jusqu'au seuil, ils peuvent y séjourner quelque temps et sourdre alors sans bruit en filtrant à travers les matières fécales et les plis entre-bâillés de l'anus, non sans avoir contracté alors une odeur qu'ils ne possédaient pas lorsqu'ils s'étaient formés dans les parties supérieures de l'intestin.

Défécation des solides.— Les contractions intestinales seules peuvent fort bien amener la défécation des corps solides. En dehors de l'état physiologique, les expérimentateurs savent que dans l'agonie, par exemple, chez les animaux exsangues ou asphyxiés, il y a presque toujours une expulsion de matières fécales souvent très dures, et qui est la conséquence des contractions intestinales, très violentes en ce moment. Il en est ainsi dans la période asphyxique de l'empoisonnement par le curare, ou, comme nous l'avons observé, par le gelsémium.

Il en est souvent de même à l'état normal. Nous avions obtenu chez des chiens curarisés légèrement, chez lesquels la paralysie des muscles abdominaux et thoraciques nécessitait la respiration artificielle, l'expulsion des ampoules que nous avions placées dans l'intestin.

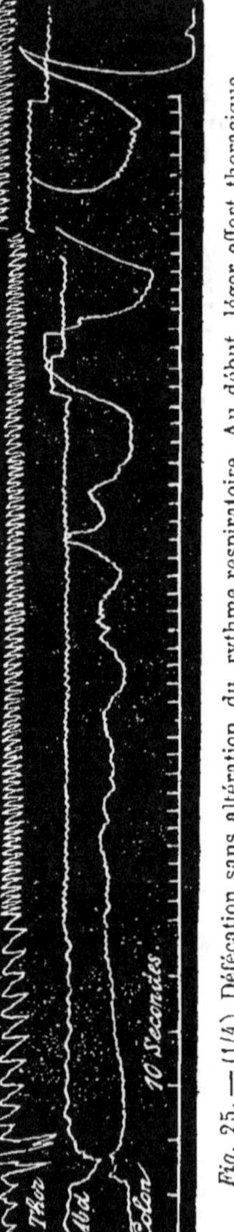

Fig. 25. — (1/4) Défécation sans altération du rythme respiratoire. Au début, léger effort thoracique.

La paralysie des sphincters peut jouer certainement un rôle en enlevant un obstacle à l'effort de la tunique musculaire ; mais il n'en est pas toujours ainsi, et chez un chien auquel nous avions donné du croton, nous avons obtenu l'expulsion de l'ampoule sans altération du rythme respiratoire. Il est vrai que, dans ces conditions, les contractions intestinales étaient surexcitées.

Nous reproduisons ici le tracé de ces défécations (fig. 25).

Après un effort thoracique et abdominal, manifestation de douleur, on voit la tension intestinale s'élever progressivement par une série de contractions qui se succèdent sans que la phase de décontraction soit complète ; puis la tension revient un moment à zéro, pour s'élever ensuite plus haut que précédemment ; après quoi, une contraction double encore plus forte, à laquelle succèdent deux nouvelles contractions beacoup plus énergiques, qui font progresser le bol fécal jusqu'au niveau de l'anus. Un dernier effort de la tunique musculaire, l'ampoule, fortement comprimée, franchit la barre anale, et, retombant sur la table, la pression s'abaisse au-dessous de zéro.

Pendant ce temps, le rythme thoracique et abdominal n'a pas été modifié, comme on peut s'en assurer sur le tracé, quoique réduit à 1/4. (Les variations de niveau que l'on observe surtout sur le tracé abdominal tiennent un jeu des leviers qui ont été soulevés, soit par le levier intestinal, soit par l'opérateur.)

Legros et Onimus, reproduisant aussi un tracé de la défécation chez un cobaye, indiquent une forme de contraction particulière qu'ils désignent du nom de contraction en escalier. Les fibres musculaires se contractent par saccades, arrivent à une certaine tension, s'y maintiennent un moment, pour s'élever encore, sans jamais s'abaisser au-dessous du niveau antérieurement atteint. Nous avons rencontré de ces contractions, mais non avec cette netteté ; il y a toujours une période de décontraction qui. pour être légère, n'en existe pas moins ; plusieurs de ces contractions, redoublées, peuvent se rencontrer dans une défécation ; mais il y a toujours des rémittences, et ce qui caractérise le graphique, c'est la succession d'une série de contractions simples ou multiples, augmentant graduellement de force et d'intensité.

La défécation d'un bol solide par la seule action des contractions intestinales est d'ailleurs un fait accidentel ; généralement elle est accompagnée d'autres phénomènes, qui sont ceux de l'effort.

Description de l'acte. — Dans l'état normal de la défécation volontaire, l'homme s'accroupit et se penche en avant. Cette situation a pour effet d'écarter tous les points voisins, de les préserver de souillure et de faciliter la dilatation de l'anus. De plus, en inclinant l'axe du corps dans la direction du rectum, elle rend plus efficace les actions musculaires de la capsule péri-intestinale, la courbure même de la région lombaire ayant pour effets immédiats une certaine compression de la masse abdominale. Si la défécation se fait tout à fait normalement, cette position seule, aidée, non du relâchement volontaire du sphincter, parce que la tonicité qui est mise ici en jeu échappe à l'action de la volonté, mais de la contraction du releveur et surtout des fibres intestinales circulaires et longitudinales, suffit à rejeter au dehors les matières.

Mais, pour peu que la forme de celles-ci s'oppose à une sortie facile ou que les fibres de l'intestin ne se contractent pas assez énergiquement, on voit survenir les phénomènes de l'effort, qui ont ici une efficacité immédiate. Pressées entre le diaphragme, qui s'abaisse, les muscles abdominaux, qui se resserrent, le releveur de l'anus, qui soutient le plancher du petit détroit, les matières contenues dans l'appareil digestif tendent à s'échapper, et les mêmes actes peuvent produire à la fois la défécation et le vomissement. Les fèces contenues dans le rectum sont alors expulsées, ou bien il faut, pour qu'elles résistent, que leurs dimensions soient énormes. Si ces efforts moyens ne suffisent pas, le patient s'accroupit encore davantage, appuie ses mains sur ses genoux, baisse la tête en se penchant en avant, et arrive généralement ainsi à triompher de toute résistance. Les efforts peuvent être assez énergiques pour le fatiguer extrêmement ou même l'épuiser, comme il arrive par exemple chez les individus où la constipation devient une maladie. Quand les fèces ont passé, le sphincter se contracte avec énergie et à plusieurs reprises. La défécation est souvent ainsi exécutée en plusieurs temps. Généralement l'expulsion des matières fécales est suivie, comme l'exécution de tous les actes naturels, d'un sentiment de satisfaction ; cependant, chez les constipés à défécation rare, elle laisse souvent une grande lassitude et un embarras local, jusqu'à ce que le vide parfois considérable qu'elle occasionne soit comblé par la descente de nouvelles fèces ou que les parties distendues se soient accoutumées à leur nouvel état.

Les efforts que nécessite la défécation dans quelques cas de constipation ne doivent pas être perdus de vue, ni par le médecin ni par le chirurgien, car, amenant une stase sanguine vers les parties supérieures, ils peuvent devenir une cause déterminante de congestions et d'hémorrhagies cérébrales. Quant à leur influence sur la production des hernies et leur étranglement, elle est aussi très connue.

DE L'EFFORT DANS LA DÉFÉCATION.

DE L'EFFORT. — Il était donc intéressant de mesurer la force développée dans cet acte, non seulement à ce point de vue particulier, mais à celui de la pression que supportent les viscères abdominaux dans diverses circonstances, comme, par exemple, à un point de vue général, dans les efforts de l'accouchement. Nous nous sommes, dans ce but, servi de l'appareil suivant.

Une ampoule semblable à celle que nous avons employée pour l'étude de la forme des contractions intestinales, mais plus dilatable, est en rapport par un tube en T avec un manomètre et un réservoir d'eau élevé à une certaine pression. Un deuxième tube en T la met aussi en communication vers le milieu du tube ampulo-manométrique avec une ampoule semblable à la première. La première ampoule est destinée au rôle de bol fécal ; la deuxième ne servira que de diverticulum destiné à remplir et à dilater l'ampoule rectale, lorsqu'elle aura été introduite à vide dans la partie supérieure du rectum ou dans le côlon. A cet effet, par un jeu de robinets, le manomètre et l'ampoule exploratrice étant isolés du réservoir, on fait écouler dans l'ampoule réceptrice une certaine quantité de liquide : 40 à 50 gram., de façon à former un bol d'un certain volume. On ferme alors le robinet du réservoir, on introduit l'ampoule exploratrice dans l'intestin et on y refoule le liquide de l'ampoule extérieure, qu'il suffit d'isoler avec une pince à pression du reste de l'appareil.

Nous nous trouvons donc en présence d'un corps malléable comme les fèces, mais pouvant par son contenu nous transmettre les diverses compressions qu'il subira sous l'influence de l'effort ; il suffit pour cela de le mettre en rapport avec le manomètre.

Nous obtenons alors un tracé semblable à celui que nous reproduisons ci-dessous (fig. 26), qui nous donne la valeur de

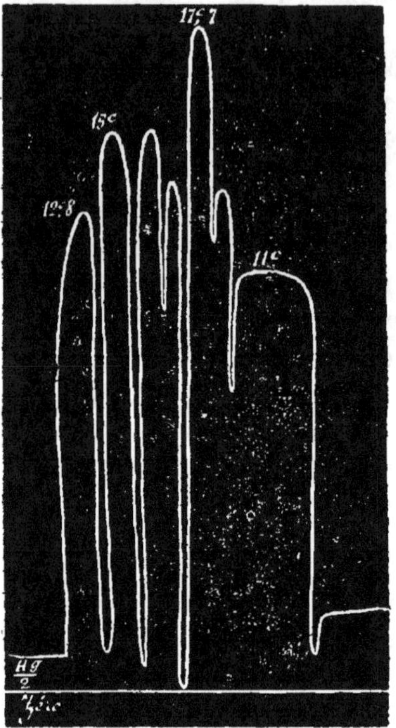

Fig. 26. — (1/1) Valeur manométrique (Hg/2) de l'effort développé pendant la défécation.

pression subie par notre ampoule pendant les efforts de la défécation. Mais il importe, croyons-nous, avant de faire cette étude de la pression intestinale, d'analyser exactement le mécanisme de l'acte physiologique de l'effort.

Au moment de l'effort, on fait une forte inspiration, après quoi la glotte se ferme et les muscles thoraciques expirateurs entrent en contraction. Cette expiration, avortant par suite de l'occlusion de la glotte, n'a d'autre effet que d'immobiliser la cage thoracique, en permettant aux muscles de prendre un point d'appui sur les gaz comprimés, et de fournir une insertion fixe aux mus-

cles des membres et de l'abdomen. Le diaphragme, dont la
voussure s'est abaissée pendant l'inspiration, reste dans cet état
et se contracte plus énergiquement encore ; il refoule les viscères; mais ceux-ci, bridés par les muscles abdominaux, déjà
refoulés en avant et qui, se contractant, leur offrent une paroi ré-
sistante, se trouvent comprimés dans l'ovoïde qui les contient ;
tandis que les muscles du périnée, ischio-coccygiens et releveurs
de l'anus forment en bas un plan résistant qui s'élève et diminue d'autant la capacité abdominale.

Cette description de l'effort n'est pas toujours exacte, et il est
des cas où les divers muscles entrent en action d'une manière
différente, en particulier dans quelques cas de défécation.

Dans le tracé fig. 27, on a pris, en même temps que l'inscription manométrique, l'expansion simultanée du thorax et de
l'abdomen au moyen de deux pneumographes de Marey, qui
indiqueront l'augmentation d'amplitude par l'abaissement du
levier.

Tout d'abord la respiration est régulière ; puis, au moment de
l'effort, on voit les leviers thoraciques et abdominaux s'abaisser :
nous sommes en inspiration ; il se produit alors un temps d'arrêt
en expansion thoracique : c'est l'expiration forcée qui ne peut
se faire, et pendant ce temps le tracé abdominal s'élève bien au-
dessus de la normale, car l'abdomen se creuse en bateau par
suite de la contraction de ses muscles, contraction qui se fait
par petites saccades, ainsi que l'indique la dentelure du tracé. Le
diaphragme, dans ce cas, n'agit qu'au début de l'inspiration ;
il donne alors tout ce qu'il peut fournir ; l'expiration forcée
n'a pour but que de le maintenir en cet état.

Cette contraction des muscles abdominaux dure plus ou moins
longtemps. Sur le tracé que nous présentons, les efforts ont été
très fréquents et de très courte durée ; aussi la ligne de compression abdominale monte-t-elle rapidement à un niveau élevé,
mais elle ne se maintient pas ; elle retombe à la normale, par

suite du retour des viscères à leur volume primitif, tandis que,
a glot te s'ouvrant, les muscles expirateurs, toujours contractés,
peuvent agir efficacement.

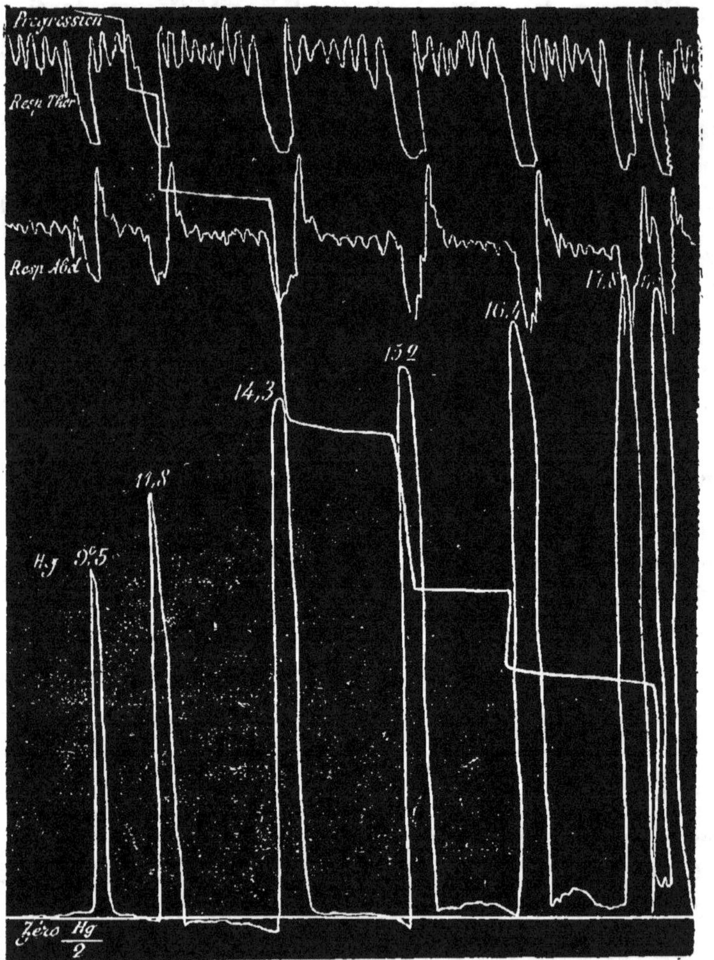

Fig. 27. —(1/1) Valeur manométrique (Hg/2) de l'effort développé pendant la défécation. Progression du bol fécal . Graphique de l'effort.

L'expansion thoracique cesse donc et le levier s'élève à son
premier niveau.

De la pression intestinale pendant l'effort. — Si nous examinons maintenant ce qui se passe du côté de l'intestin, nous voyons que l'inspiration ne produit aucun effet sur le manomètre : nous restons dans les phénomènes passifs de la respiration, qui sont trop faibles pour s'inscrire. Mais, lorsque les muscles abdominaux se contractent, la pression s'élève immédiatement très haut, pour retomber presque aussitôt. Cette surpression intestinale se répète un certain nombre de fois, jusqu'à ce que, l'ampoule étant expulsée par un dernier effort, la pression retombe immédiatement au-dessous de zéro.

Dans cette expérience, les divers efforts se succèdent à des intervalles assez longs et réguliers. Il n'en est pas de même dans l'expérience précédente (fig. 26), qu'il est facile d'analyser, puisque les variations dans la pression indiquent exactement celles de l'effort. Les contractions abdominales sont ici beaucoup plus rapides, elles se succèdent immédiatement, sont plus soutenues et peuvent même se redoubler.

La pression à laquelle peuvent être soumis les fèces et les viscères abdominaux pendant la défécation varie dans la même expérience : elle est naturellement en rapport avec l'intensité de la contraction des muscles qui entrent en jeu ; mais elle est, on le voit, considérable. Dans la fig. 17, on lit par exemple 9°,4 ; 11°,6 ; 14°,2 ; 15°,2 ; 16°,6 ; 18°,4 ; 16°,5 Hg. La pression 18°,4 est la plus forte que nous ayons atteinte dans cette expérience, et dans aucune nous n'avons dépassé 19 centim. de mercure. Dans ce dernier cas, le bol était très volumineux, les efforts étaient répétés, violents, la face congestionnée, etc.

Progression du bol fécal. — On conçoit facilement que sous l'influence de ces pressions, qui s'exercent sur elles de toutes parts, les masses pâteuses contenues dans l'intestin (je ne parle pas des liquides, pour l'expulsion desquels il faut une force minime) aient une tendance à s'échapper vers le point de moindre résistance, l'anus. C'est d'ailleurs de ce côté que se dirigent toutes les forces physiologiques ou mécaniques qui entrent en jeu dans la défécation. Le bol fécal, incompressible, glisse dans l'intestin comme un noyau de cerise entre les doigts. Il nous reste donc à chercher quelle est la manière d'être de cette progression et quels sont ses rapports avec l'effort.

Au pavillon de la sonde qui porte l'ampoule intestinale est attaché un fil qui, passant sur une poulie de renvoi, va se réfléchir sur une deuxième poulie placée au-dessus de l'appareil enregistreur et porte à son extrémité un petit chariot glissant sur des fils tendus verticalement. Ce chariot, semblable à celui dont s'est servi M. Ranvier pour les mouvements de l'œsophage, peut être chargé de poids pour maintenir le fil tendu et porte un style qui inscrira la progression. Supposons en effet que l'ampoule progresse de 1 centimètre, le fil sera relâché ; par suite, le chariot s'abaissera d'autant et le style qu'il porte inscrira exactement le chemin parcouru.

Tel le tracé fig. 27. Nous y lisons que le bol ne progresse pas dans l'intervalle de deux efforts. Il se met en mouvement au moment où l'effort commence et s'arrête avec lui. Les espaces parcourus varient entre eux. Au début, ils paraissent proportionnels à la colonne mercurielle ; mais, arrivée vers la partie inférieure de l'intestin, la progression devient plus lente. Au niveau même de l'anus, l'avant-dernier effort ne produit aucun changement dans la situation du bol, qui ne sert qu'à dilater l'orifice, qui est franchi ensuite d'un bond.

Disons toutefois que ces résultats varient beaucoup dans les diverses expériences. Un bol de faible dimension progressera très rapidement ; un bol trop considérable pourra au contraire rester stationnaire, enchatonné dans l'intestin, qu'il aura distendu, ne subissant que quelques légères oscillations dues seulement au refoulement des viscères par le diaphragme.

De cette analyse de la progression, il résulte un fait de cri-

tique expérimentale, au sujet de la valeur de la pression développée pendant l'effort. Au début de l'expérience, on a soin de
faire coïncider le zéro du manomètre avec le point présumé où
se trouve l'ampoule exploratrice; mais, à mesure que l'ampoule
descend, il se produit une dépression mercurielle, et par suite
un déplacement du zéro de l'effort qui suivra. Il faudrait donc
l'abaisser d'une hauteur de mercure équivalente à la valeur en
pression d'eau au nombre de centimètres dont aura progressé
l'ampoule pendant l'effort qui précède.

Ainsi, dans la fig. 17, le troisième effort se trouverait accru
de la valeur de progression de l'effort qui l'a précédé, soit
3 centim. d'eau, et devrait faire augmenter le suivant d'une
valeur de $2^c,2$.

La ligne qui indiquerait le zéro vrai devra donc présenter l'aspect d'un escalier dont les gradins pourront être très faibles, mais
qui cependant présenteront une différence notable de niveau
entre les deux extrêmes. Dans notre expérience, le dernier effort
fait graphiquement équilibre à la pression de $17^c,4$ de mercure,
tandis qu'il est en réalité de $17^c,4$ Hg $+ 9^c H^2 O$, soit environ
18^c Hg.

Or, comme dans nos expériences nous nous sommes servi
d'une sonde ayant au plus 30 centim., la correction la plus forte
que nous aurons à faire sera de ce chiffre, soit 2 centim. de
mercure.

Le plus violent effort que nous ayons pu faire ayant été 19,
cette correction élève le maximum de pression supporté par les
viscères à 21 centim. de mercure.

Il n'y a donc pas lieu de s'étonner qu'il se produise quelquefois, pendant l'effort, des accidents graves dans la cavité abdominale, et surtout dans le cerveau, à la suite des congestions qui
sont la conséquence de ces efforts.

CHAPITRE VIII.

Dilatabilité et Résistance.

Arrivé au terme de notre étude, il nous paraît utile d'aborder, comme appendice à notre travail, une question qui servira de complément aux recherches que nous avons faites.

Les propriétés physiques de l'intestin, dont la connaissance intéresse à la fois le médecin et le chirurgien, sont de la dilatabilité et de la résistance.

La dilatabilité de l'intestin est considérable. Nous avons vu qu'il peut servir de réservoir aux matières pendant toute la durée de la période hibernale. A la suite de constipation, en particulier chez celles qui se produisent chez les Algériens par l'abus des figues de Barbarie, le rectum peut permettre l'accumulation d'une quantité considérable de matières que l'on est obligé de retirer à l'aide d'une curette, et chez les vieillards, dans certains cas de paralysie, on le voit occuper presque toute la cavité du petit bassin. Tel le cas, signalé par M. Sappey, d'un homme dont le rectum présentait vers sa partie inférieure 34° de circonférence.

L'intestin est donc susceptible d'éprouver à la longue une ampliation considérable. Il paraît, de plus, pouvoir supporter assez facilement une dilatation brusque. On sait que l'on a pu dans certains cas, après avoir vaincu la résistance du sphincter, introduire la main dans le rectum pour remédier à une rétroversion de l'utérus, et des chirurgiens allemands ont osé la porter jusque dans la cavité abdominale et explorer ainsi, disent-ils, le rein et même la face inférieure du foie, ce qui, hâtons-nous de le constater, n'a pas encore été imité en France.

Cette dilatabilité, nous avons essayé de la mesurer par des expériences chez l'homme, mais nous ne sommes pas arrivé à de bons résultats.

Nous rappellerons seulement que, dans nos recherches sur les coliques, nous avons vu l'intestin, sous une pression initiale de $11^c,4$ Hg, se laisser distendre jusqu'à sa limite de résistance, qui a fait équilibre à une pression de $5^c,6$; que d'autre part nous avons vu cette dilatabilité augmenter légèrement et la pression baisser peu sous une colonne de mercure de 5^c.

L'intestin est donc dilatable, et son élasticité peut céder peu à peu sous la même pression.

Je rappellerai aussi un accident qui peut trouver sa place dans cette étude. Dans une de ces expériences, je pris successivement plusieurs lavements sous une pression de 2 mèt. d'eau: le premier n'a laissé pénétrer que 150^{cc} de liquide, mais les trois autres, deux seulement à $1,100^{cc}$ et un à $1,700$, et me donnèrent de très violentes coliques de 6^c Hg. Dans la nuit du même jour, je me réveillai avec la sensation de défécation involontaire et me trouvai baigné de sang en partie coagulé; au matin, défécation de 200 gr., et, dans la journée, sensations répétées de besoin contre lequel je réagis. J'ai perdu ainsi successivement :

Au lever....	200^{cc}
A 8 heures...............	100
A 9 heures	110
A 10 h. 30.............	50
A 1 h. 30..............	130
A 3 h. 30..............	150

de sang liquide et coagulé.

Le lendemain, nouvelle défécation de 300 grammes de sang coagulé.

et le soir 50 de caillots formant une masse assez dure.

Cette expérience montre que l'intestin peut se dilater suffisamment pour recevoir une quantité de liquide équivalant à $1,700^{cc}$, mais que, dans ces conditions, la limite de résistance physiologique a été dépassée, et, déchirure des parois ou des vaisseaux, il s'est produit une hémorrhagie qui aurait pu être fort grave, puisque j'ai perdu ainsi, sans compter la quantité éliminée pendant la nuit, jusqu'à 1,090^{cc} de sang, la quantité totale s'élevant à 1,400 ou 1,500^{cc}.

Nous aurions voulu entreprendre une série d'expériences tendant à étudier le mode de dilatation de l'intestin. Il aurait fallu : 1° déterminer la valeur des volumes qu'acquiert l'intestin lorsque les pressions augmentent dans la production arithmétique pour des intervalles de temps constants : 2° déterminer quelles valeurs on doit donner à la pression, afin que, dans des intervalles de temps toujours égaux, l'intestin acquière des volumes augmentant dans un certain rapport ; 3° déterminer le temps nécessaire pour que l'intestin, sous l'influence des pressions augmentant en progression arithmétique, acquière des volumes qui varient de la même manière.

Ces recherches auraient demandé de très nombreuses courbes, et nos premiers essais sur les animaux n'ont pu nous donner que des résultats confus ; nous nous sommes contenté d'établir quelques recherches sur l'intestin séparé de l'animal.

Mais comme nous opérions sur des chiens de taille différente, les résultats que nous avons pu obtenir ne peuvent avoir d'intérêt que par suite des déductions qu'ils nous permettent d'en tirer.

L'intestin détaché de l'animal est solidement ligaturé au niveau de l'anus, et mis en rapport, par un tube en caoutchouc fixé au niveau du cæcum, avec une pompe pneumatique à mercure. On remplit d'air l'ampoule fixe de la pompe en abaissant le réservoir mobile ; puis, fermant la communication avec l'extérieur, on l'établit avec l'intestin. Le réservoir mobile étant légèrement élevé, les gaz de la pompe se trouvent comprimés et dilatent l'intestin. On met alors le tout à la pression extérieure, et on prend

certaines dimensions ; après quoi on élève progressivement
l'ampoule en mesurant la force de la pression sur une échelle
graduée dont le zéro a été primitivement déterminé au niveau
de l'ampoule. Quand la compression paraît avoir trop diminué
le volume des gaz contenus dans le réservoir supérieur, on fait
une nouvelle prise à l'extérieur, en fermant momentanément les
rapports avec l'intestin, et on reprend ensuite le même mode
opératoire.

Sans rappeler les chiffres obtenus dans diverses expériences
nous arrivons aux conclusions suivantes.

La dilatation de l'intestin, forte pour les faibles pressions,
paraît atteindre très rapidement son maximum. Les accroissements
successifs ne tendent à augmenter le diamètre de l'intestin que
d'une façon insignifiante, jusqu'au moment où elle arrive à être
à peu près nulle.

La partie qui se dilate le plus rapidement est l'ampoule rectale,
le côlon vient ensuite; mais, proportionnellement à sa circonférence normale, c'est lui qui présente le maximum de dilatabilité.

Les fibres circulaires de l'intestin présentent au début une résistance légère pour les faibles pressions, ainsi qu'il résulte de la
dilatation dans les points où elles sont le moins nombreuses ; mais
leur limite est bientôt atteinte, les divers points du rectum arrivent bientôt à égaler le diamètre de l'ampoule rectale, et le
sphincter supérieur, très fort chez le chien, ne tarde pas à disparaître.

Les fibres longitudinales paraissent se comporter de même;
l'intestin, entre deux points déterminés, prend au début un allon-
gement relativement fort et qui n'augmente guère avec la pression.

La rupture se fait vers 35, à 40° de pression de mercure. Elle
a lieu ordinairement, soit au niveau du côlon vers la partie
cæcale, soit le plus souvent au niveau du rectum, et se présente
sous la forme d'une déchirure longitudinale de 1 à 2 centim. de long

et intéresse principalement la muqueuse. Les fibres musculaires sont seulement écartées; déjà, lorsque la dilatation commence, on voit les fibres circulaires et longitudinales se dessiner fortement tendues et isolées en faisceaux entre lesquels on distingue là muqueuse. Lorsque celle-ci est rompue, ces fibres n'opposent aucune résistance. On peut même dénuder la muqueuse en certains points sans que pour cela la rupture s'opère en l'endroit dénudé. La résistance tient donc seulement à la muqueuse, dont la limite d'élasticité se trouve rapidement atteinte. Si l'on examine l'intestin ouvert, on observe d'assez nombreuses éraillures de la muqueuse.

Tels sont les résultats généraux que fournit l'étude des mensurations que nous avons prises ; ils sont identiques à ceux que M. Lannegrace a trouvés sur l'œsophage ; nous n'avons fait pour ainsi dire que les reproduire et généraliser ses résultats au reste du tube digestif.

Si maintenant nous voulons les considérer au point de vue de la physiologie de l'organe que nous avons étudié, nous rappellerons que les plus fortes coliques observées se sont élevées à 6 cent. Il n'y a donc pas à craindre de rupture, même en supposant dans ces conditions une oblitération de l'intestin, du moins à l'état normal, et pour un organe sain. D'autre part, les plus violents efforts que nous ayons pu obtenir ont été de 19 à 21 centim. et sont encore bien éloignés de ce résultat, qui ne peut probablement être atteint que dans des circonstances impossibles à prévoir dans la pratique. Nous ferons toutefois observer que, sans nous exposer à de tels accidents, la dilatabilité physiologique de l'intestin présente une limite bien éloignée de celle qui nous donne un examen aussi brutal. Nous nous trouvons en présence d'un organe vivant, qui peut s'érailler, et dont les vaisseaux ont aussi leur fonction et leurs exigences. L'accident dont nous avons failli être victime est là pour prouver que les expériences sur des tissus morts ne peuvent nous donner des notions exactes sur les fonctions des organes vivants.

CONCLUSIONS.

Arrivé au terme de notre travail, il importe de jeter un regard en arrière et d'examiner le chemin parcouru.

Après avoir abordé l'étude des différentes actions extrinsèques qui peuvent modifier passivement l'état de la pression intestinale et en avoir fait une analyse plus complète, nous avons pénétré dans l'intimité de la vie physiologique de l'intestin et poursuivi la contraction intestinale dans sa forme, sa durée, sa force et son mode de transmission, en recherchant quelles étaient les causes physiologiques ou pathologiques capables de les faire naître ou les modifier.

Par suite, nous avons été amené à faire l'examen d'un phénomène pathologique, la douleur de la colique, et nous avons déterminé quels étaient ses rapports avec la contraction intestinale qui la provoque.

Abordant ensuite l'étude de la physiologie fonctionnelle de l'intestin, nous avons recherché quel était son rôle dans l'acte de la défécation, ainsi que celui des divers muscles qui entrent en action dans cet acte. Nous avons ainsi déterminé les fonctions du releveur de l'anus, et nous avons mesuré la force de résistance volontaire du sphincter.

Puis, arrivant à l'examen de la défécation en elle-même, nous avons vu quelle est la part qui revient à chacun des muscles étudiés et celle qui revient à l'effort, dont nous avons mesuré la valeur, et nous avons examiné comment se comporte le bol fécal dans cet acte.

Enfin, comme complément à notre travail, nous terminons par l'étude de deux fonctions physiques de l'intestin, la dilatabilité et la résistance.

Nous résumerons nos conclusions dans les propositions suivantes :

Le gros intestin, comme les divers organes contenus dans les cavités viscérales, est soumis à des variations passives de pression qui dépendent des forces respiratoires.

Chez le chien, la respiration est à la fois thoracique et abdominale. « L'inspiration produit au début une dépression et ultérieurement une surpression intestinale. La contraction diaphragmatique agit d'abord sur le côlon et les viscères abdominaux, puis, par leur intermédiaire, développe l'abdomen et détermine une surpression rectale. »

Chez l'homme, les deux fonctions costale et diaphragmatique interviennent à peu près également et agissent dans le même sens.

Chez la femme, la respiration étant costale, il y aura au contraire abaissement de la tension des organes abdominaux pendant l'inspiration.

« La pression développée pendant la respiration varie de 1 à 3 centim. H^2O dans les inspirations calmes, et de 10 à 15 dans les inspirations profondes. C'est là une résistance à ajouter à celles contre lesquelles doivent lutter les muscles inspirateurs : élasticité du thorax, pulmonaire, et pression négative de l'air dans les poumons. »

Les diverses modifications de la respiration, comme les cris, les gémissements, le rire, le soupir, tous les actes qui mettent en action les muscles abdominaux, l'effort, le vomissement, la défécation, s'accompagnent aussi de surpressions intestinales.

Le gros intestin éprouve en outre de légères variations de pression synchrones au pouls, reconnaissant pour cause les artères propres de l'intestin ou situées dans le voisinage. « Les pulsations artérielles sont plus marquées dans le rectum que dans le reste du gros intestin. »

Le gros intestin, comme l'intestin grêle, présente à l'état normal des contractions.

Rarement isolées, ces contractions se reproduisent un certain nombre de fois sous un certain rythme en séries séparées par une période d'inactivité. « Les premières contractions qui se montrent après une période de repos sont généralement plus faibles que celles qui leur succèdent. »

La forme de la contraction est altérée par les diverses surpressions passives, mais l'aspect général rappelle celle de la contraction des fibres lisses.

« Les contractions qui se succèdent en un même point ne sont pas identiques à elles-mêmes ; elles diffèrent en particulier quant à la durée relative des phases d'activité et de relâchement, qui sont l'une à l'autre dans le rapport de 1 à 3. »

« Il y a des formes rémittentes caractérisées par une phase de décontraction incomplète, suivie d'une surpression immédiate. Ces contractions, doubles ou multiples, se rencontrent rarement dans le côlon, mais très fréquemment dans le cæcum. Dans le premier cas, elles paraissent se rapporter à la fonction de la fibre musculaire elle-même; dans le second, au contraire, elles s'expliquent par la forme de la cavité cæcale et indiquent que les fibres musculaires qui en forment les parois ont entre elles une certaine indépendance. »

« Les contractions intestinales varient dans un même point de l'intestin en force et en durée. Dans leur généralité, elles sont beaucoup plus rapides dans le cæcum (1 à 2′) et plus lentes dans le rectum (3 à 4′). »

« La force de la contraction peut s'élever jusqu'à 2ᶜ,5 Hg dans le cæcum; elle est plus faible dans les autres parties. Dans le rectum, elle devient beaucoup plus énergique pendant la défécation. »

Les contractions se propagent de haut en bas « avec une vitesse variable dans une même expérience. Elles peuvent se transmettre sur toute la longueur du gros intestin ou s'éteindre dans leur marche. »

« Elles peuvent aussi s'altérer dans leur forme. Deux con·tractions peuvent se fusionner plus ou moins complètement, donner des contractions doubles ou uniques plus longues que chacune d'elles. »

« Il y a entre les parties anatomiques une certaine indépendance dans le rythme. Entre le cæcum et l'iléon, il n'y a pas de continuité fonctionnelle pas plus qu'anatomique. »

Les preuves sur lesquelles est fondée l'existence de l'antipéristaltisme ne sont pas probantes ; « les contractions de bas en haut n'existent pas à l'état normal, c'est une fonction pathologique.» Elles sont cependant possibles dans le cas de résistance, au besoin de défécation.

« Les contractions péristaltiques sont produites par le contact des aliments, « par les excitations mécaniques, ou de la sensibilité générale et spéciale, les émotions. »

« Les contractions provoquées artificiellement ne sont pas généralement rythmiques, elles se produisent une ou deux fois tout au plus ; mais elles sont péristaltiques et peuvent prendre naissance plus haut que le point excité ; elles sont précédées d'une dépression. »

L'excitation du pneumogastrique amène des contractions par arrêt du cœur ; il n'en est plus ainsi quand le nerf est paralysé par l'atropine.

« La muscarine, déterminant une dépression cardiaque, provoque aussi des contractions. »

La compression de l'aorte, des vaisseaux, la mort par hémorrhagie, agissent dans le même sens.

« Les contractions hémorrhagiques ne se montrent pas simultanément dans toute la longueur de l'intestin ; elles sont péristaltiques, et l'on observe un retard très appréciable entre le côlon et le rectum. »

L'arrêt de la circulation en retour amène aussi des contractions intestinales.

«L'eau n'agit que comme moyen thermique ; froide, elle provoque une surpression intestinale avec contractions irrégulières.»

Les purgatifs salins ne provoquent pas de contractions, ils n'agissent que par la turgescence qu'ils produisent et par irritation catarrhale.

Les purgatifs drastiques déterminent des contractions péristaltiques ; ils n'en augmentent pas la force, mais la vitesse de progression.

« Le croton produit des contractions irrégulières douloureuses, avec contracture et inflammation. »

« L'inflammation de la péritonite détermine au contraire une paralysie. »

« Le tabac amène une surpression intestinale de longue durée, à laquelle succèdent des contractions rapides. »

« La muscarine provoque de violentes contractions avec surpression générale. Dans la période ultime de l'intoxication, il se produit un rythme intestinal correspondant à un rythme vasculaire déjà signalé avec le gelsémium et le curare.»

« La pilocarpine active les mouvements intestinaux, qui sont au contraire paralysés par l'atropine, son antagoniste physiologique.»

« Le chloroforme et le chloral déterminent une diminution de tonus et la paralysie. »

La colique est une douleur de l'intestin et des organes à fibres musculaires lisses.

« La douleur coïncide toujours avec une contraction et en suit toutes les phases ; son intensité relative est en rapport avec la force de la pression développée par la contraction au moment où l'on observe. »

« La colique présente une période prémonitoire de malaise

qui, coïncidant avec le commencement de la surpression, dépend de la distension légère de l'intestin. Ce n'est que quand la pression atteint de 6 à 10 millim. que la douleur commence à s'accentuer. »

« Le maximum de la pression développée par les contractions de la colique est de 6 à 7 centim. Hg, et correspond à une douleur très violente. »

« La douleur diminue dès le moment où la phase de décontraction commence, et finit bien avant elle. »

« La forme de la contraction douloureuse est peu différente de la contraction normale. Il y a des contractions doubles qui présentent aussi une rémittence douloureuse. »

« La durée de la contraction est de 20″ à 1′,50″ ; en moyenne de 40″ à 1′. Le rapport entre les deux phases actives et de relâchement est de 2/3. »

« La colique correspond toujours à une contraction intestinale ; c'est un spasme plus ou moins généralisé, provoqué par une distension mécanique ou l'irritation de la muqueuse intestinale par un agent quelconque. La distension seule, sans contraction intestinale, n'amène qu'un malaise léger semblable à celui de la phase prémonitoire, et dont les exacerbations correspondent à autant de contractions. »

Les matières amenées au niveau du cæcum franchissent la valvule, et, grâce à la disposition de ses lèvres, ne pouvant revenir en arrière, elles cheminent dans le côlon sous l'influence des contractions péristaltiques de cet organe. Elles s'y dépouillent de leur eau, deviennent plus solides et forment les fèces.

Celles-ci s'accumulent peu à peu dans le gros intestin, qui leur sert de réservoir. Le rôle de régulateur de la défécation a été plus généralement dévolu au rectum, mais O'Beirne l'attribue surtout à l'S iliaque, où les matières s'accumuleraient, retenues par un sphincter lisse.

Le besoin de défécation est produit par la présence des matières dans le rectum.

La volonté peut réagir, et les matières être refoulées dans le
côlon par un effort abdominal ou par des contractions antipéristaltiques.

« Le besoin peut aussi disparaître momentanément; le rectum
s'habitue à la présence des matières qui peuvent quelquefois s'y
accumuler en le distendant.»

« Dans ce cas seulement paraît être assurée la fonction du
réservoir accordée au rectum.»

Le besoin peut être encore provoqué par une pression médiate
sur les parois du rectum ou par une inflammation de la muqueuse
de cet organe ou des organes voisins.

La défécation dépend de plusieurs agents : les fibres musculaires lisses du rectum et les fibres des muscles striés du bassin,
qui s'entre-croisent au niveau de l'anus, et dont les fonctions
synergiques ou antagonistes sont appuyées par l'action des divers
muscles qui entrent dans le phénomène de l'effort.

Le sphincter tend à oblitérer la portion terminale du tube digestif par sa tonicité ou par sa contraction volontaire dans le cas
où les matières sont liquides ou poussées par des contractions
expulsives énergiques.

Pendant l'expulsion, la tonicité n'est pas supprimée, comme le
montre la tension des bords de l'anus. «Cette tonicité est excessivement faible pour les liquides ; elle ne peut pas être mesurée
pour les solides et dépend nécessairement du volume du bol.»

« La force de contraction volontaire équivaut à 11 ou 12 centim. Hg. »

Les releveurs de l'anus et les ischio-coccygiens forment un plan
diaphragmatique inférieur qui intervient dans le phénomène de
l'effort et tend à comprimer les viscères abdominaux.

« Les releveurs de l'anus élèvent en outre, par leur contraction, l'orifice anal et le portent au-devant des matières fécales ; ils dilatent le sphincter et compriment le rectum. »

« Les fibres longitudinales du rectum tendent à le raccourcir, à comprimer son contenu, à dilater le sphincter et à le porter au-devant des matières fécales. »

La défécation peut être volontaire quand le sphincter ne fonctionne plus ou fonctionne anormalement, ou bien lorsque les forces antagonistes se trouvent supérieures à la limite d'action que peut lui donner la volonté.

La défécation des liquides et des gaz se fait par la seule intervention des contractions intestinales.

« La défécation des corps solides peut être aussi possible dans ces conditions, dans les cas pathologiques et lorsque l'activité intestinale se trouve exaltée; mais, en général, elle nécessite l'intervention d'un effort volontaire.»

«La défécation se caractérise par une série de contractions simples et assez souvent à redoublement, augmentant graduellement de force et d'intensité. Au début, la tension s'élève peu à peu et les contractions se produisent sans que l'intestin revienne à son état de tension normale. Il n'y a pas d'escalier à proprement parler, mais des contractions qui se succèdent sur un intestin déjà en tension.»

Pendant l'effort, la position accroupie rend plus efficace les actes musculaires de la capsule péri-intestinale.

« Les efforts pendant la défécation peuvent se succéder très rapidement, ou être séparés par des intervalles de repos assez longs. Ils peuvent aussi se répéter à plusieurs reprises, empiétant les uns sur les autres.»

L'effort est caractérisé par une expiration forcée, avec fermeture de la glotte et violente contraction du diaphragme, qui comprime les viscères entre les muscles de l'abdomen contractés et le plancher périnéal qui s'élève et tend à diminuer la capacité abdominale.

« Dans quelques cas, l'abdomen intervient d'une manière plus active, et, au lieu de céder à l'impulsion des viscères comprimés par le diaphragme et de servir uniquement de paroi, il se contracte énergiquement et devient expulseur. »

« La surpression intestinale suit toutes les phases de ces diverses actions musculaires. Le maximum de l'effort a été trouvé de 19 centim. Hg ; mais, si l'on tient compte du déplacement du zéro, il s'élève à 20 ou 21 centim. Hg. »

« Le bol fécal progresse par saccades ; immobile dans l'intervalle des efforts successifs, il se met en mouvement quand l'effort commence et s'arrête quand il finit. »

« Les espaces parcourus varient beaucoup entre eux. Ils dépendent de la grosseur du bol. Un bol trop volumineux reste enchatonné dans l'intestin et n'éprouve que des oscillations de haut en bas dues à l'abaissement du diaphragme, qui refoule toute la masse viscérale. Dans une même expérience, la progression est proportionnelle à la force développée par l'effort. Mais, lorsque le bol est arrivé au niveau de l'anus, il peut y avoir plusieurs efforts dont l'action insignifiante sur la progression ne sert qu'à dilater l'orifice, après quoi l'expulsion a lieu brusquement. »

« Le gros intestin est très dilatable. Sa capacité sous 2^m de pression H^2O peut atteindre $1,700^{cc}$. »

« La dilatabilité de l'intestin paraît vite atteindre à son maximum, elle n'est pas en progression arithmétique avec les pressions que l'on fait successivement agir. »

« L'ampoule rectale se dilate plus rapidement que le côlon, mais celui-ci est la partie la plus dilatable relativement à son diamètre. »

« Les fibres musculaires se laissent très facilement distendre ; les sphincters lisses (sphincter supérieur) disparaissent rapidement sous de faibles pressions. »

« Le gros intestin oppose une grande résistance à la rupture.

Quand elle s'opère, c'est principalement au niveau du cæcum et de l'ampoule rectale. Elle se fait chez le chien entre 35 et 40° Hg.»

« La résistance est due uniquement à la muqueuse ; celle-ci rompue, les fibres musculaires n'opposent aucune résistance ; on peut même dénuder la muqueuse sans que la rupture s'opère nécessairement en ce point. La distension qui a produit la rupture produit aussi des éraillures longitudinales de la muqueuse. »

ERRATUM.

Pag. 15, §§. 4 et 5. — C'est par erreur typographique que le plétismographe est attribué à **M**. Morat ; c'est **MM**. **Mosso** et **Pellacani** (de *Turin*) qu'il faut lire (Fonctions de la Vessie, *Arch. de Biologie italienne*, tom. I).

TABLE DES MATIÈRES

	Pages.
Introduction	5
Chapitre I. Appareils graphiques pour l'étude des organes creux .	9
Chapitre II. Variations passives de la pression intra-intestinale. .	17
Action de la respiration	17
Divers modes respiratoires	17
Valeur manométrique des résistances qui entrent en jeu dans la respiration	21
Action des muscles abdomino-thoraciques	22
Effets de la circulation	23
Mode de distribution de l'effort	25
Chapitre III. Des Contractions intestinales à l'état normal	26
Étude des contractions du gros intestin à un point de vue général	27
Méthode d'exploration	27
Rythme	28
Forme	29
Durée	33
Force	34
Étude différentielle des contractions dans les divers points de l'intestin	36
Mode de transmission des contractions	37
Variation dans la vitesse de transmission	38
Variations dans le rythme	39
Antipéristaltisme	42
Chapitre IV. Causes diverses pouvant agir sur l'activité du gros intestin	44
Action des aliments	44
Excitations mécaniques locales	45
Excitations de la sensibilité générale	46
Action de la circulation	48
Purgatifs	50
Médicaments toxiques	53
Chapitre V. Des Coliques	57
Théories de la colique	57
Moyen de provoquer des coliques	58

Rapports de la contraction et de la douleur............ 61

Forme de la contraction........................... 64

Force... 65

Durée.. 66

Appréciation de la théorie de la colique........... 67

CHAPITRE VI. Rôle du gros intestin dans la digestion........... 70

Mode de progression des matières dans le gros intestin .. 70

Rôle d'absorption............................... 71

Rôle régulateur des évacuations; Théorie de O'Beirne.. 72

Sensation de besoin.............................. 73

CHAPITRE VII. De la défécation........................... 75

Disposition anatomique des parties qui jouent un rôle dans
l'acte de la défécation............................ 75

Disposition des fibres musculaires lisses............ 76

Muscles striés du périnée........................ 78

Rôle des divers muscles intervenant dans la défécation...... 79

Rôle du sphincter.............................. 79

Force de tonicité.............................. 79

Force de contraction volontaire................... 80

Rôle du releveur de l'anus........................ 80

Action dilatatrice des fibres longitudinales du rectum ... 83

Mécanisme de la défécation........................... 85

Défécation involontaire........................... 85

Défécation des liquides........................... 86

Défécation des gaz............................... 86

Défécation des solides............................ 87

Description de l'acte............................. 89

De l'effort dans la défécation........................ 91

De l'effort..................................... 91

De la pression intestinale pendant l'effort........... 95

Progression du bol fécal.......................... 95

CHAPITRE VIII. Dilatabilité et Résistance................ 98

CONCLUSIONS...................................... 103